Ich will ein Baby

Gabriele Grünebaum

Ich will ein Baby
Kinderwunsch und Fruchtbarkeit

Mit Illustrationen von Franziska Becker

vgs

Die Informationen und medizinischen Tipps in diesem Buch sind von Autorin und Verlag nach bestem Wissen und Gewissen sorgfältig erwogen und geprüft, stellen aber keinen Ersatz für medizinische Betreuung jeglicher Art dar. Autorin und Verlag übernehmen keinerlei Haftung für etwaige Personen- oder Sachschäden, die sich aus Gebrauch oder Missbrauch der in diesem Buch aufgeführten Ratschläge ergeben.

Die Deutsche Bibliothek – CIP-Einheitsaufnahme

Grünebaum, Gabriele:
Ich will ein Baby : Kinderwunsch und Fruchtbarkeit / Gabriele Grünebaum. Mit Illustrationen von Franziska Becker. - Köln : vgs, 2000
ISBN 3-8025-1420-3

Umschlag- und Innenillustrationen: Franziska Becker, Köln
Umschlaggestaltung: Alexander Ziegler, Köln
Medizinische Grafiken: Designbureau Jochen Kremer/Gabi Mahler, Köln
Lektorat: Astrid Roth, Köln
Gestaltung und Satz: Veronika Richter, Köln
Produktion: Annette Hillig
Printed in Spain
ISBN 3-8025-1420-3

Besuchen Sie unsere Homepage im WWW: http://www.vgs.de
und die Internetseite der Autorin: http://www.9monate.de mit vielen Informationen, Tipps und interaktiven Features rund um die Schwangerschaft und das Schwangerwerden.

Inhalt

Grußwort

Mit diesem Buch wird Frauen und Männern eine wertvolle Orientierungshilfe gegeben, wenn im Rahmen einer Familienplanung vor und während einer Schwangerschaft Fragen auftreten.
Die zahlreichen Hinweise und Ratschläge mögen Frauen und Männer dahingehend unterstützen, dass sie selbstbewusst und selbstbestimmt ihre Zukunft und die der nächsten Generation in die Hand nehmen können.

Prof. Dr. med. Gertrud Peiker
Klinik für Frauenheilkunde und Geburtshilfe
der Friedrich-Schiller-Universität Jena
Abt. Geburtshilfe
Bachstraße 18
07740 Jena

Einleitung

Noch in den fünfziger Jahren hat eine Frau häufig ihr erstes Kind einfach neun Monate nach der Hochzeitsnacht bekommen. Heutzutage wollen und können viele Paare ihr Kind genauer in ihr Leben einplanen:
Die Schwangerschaft ist oft Teil einer eher rationalen Entscheidung und Lebensplanung geworden.
Wenn Sie schwanger werden wollen oder verstehen möchten, warum eine Schwangerschaft ausbleibt, sollten Sie zunächst wissen, wie eine Schwangerschaft normalerweise entsteht und welche Bedingungen hierfür vorliegen müssen. Ein Verständnis für den Aufbau und die Funktion der Geschlechtsorgane sowie des Hormonstoffwechsels ist dafür Voraussetzung. Eine Frau, die weiß, wie der weibliche Zyklus funktioniert, kann zumindest selbst ausrechnen, wann ihre fruchtbaren Tage sind und wann sie schwanger werden könnte.
Dass die Lebensumstände einer schwangeren Frau Einfluss auf die Entwicklung des Fötus haben, ist mittlerweile bekannt. Aber auch die Art und Weise, wie ein Paar vor der Empfängnis lebt, kann dabei von großer Bedeutung sein: So sind zum Beispiel Kinder von Männern, die vor der Zeugung starke Raucher waren, einem deutlich höheren Risiko ausgesetzt, an Leukämie zu erkranken. Bei Kindern von Müttern, die sich vor der Schwangerschaft unausgewogen ernährt haben, besteht verstärkt die Gefahr, dass sie mit körperlichen Fehlbildungen zur Welt kommen. Umweltgifte können schon in geringen Mengen die Keimzellen schädigen und die natürliche Fruchtbarkeit von Mann und Frau beeinträchtigen.
Dieses Buch möchte Sie auch darüber informieren, was Sie tun können, um Ihrem Wunschkind einen optimalen Start ins Leben zu ermöglichen.

Aber Planung hin oder her: Schwangerschaft ist und bleibt ein Wunder der Natur. Heutzutage ist es eher die Ausnahme, wenn eine Schwangerschaft nach Plan eintritt. Meist haben wir den Zeitpunkt, wann ein Kind kommt, nicht ganz in der Hand. Einige Kinder kommen trotz Verhütung und ungeplant, andere werden sehnlichst, aber vergeblich erwartet, und eine Schwangerschaft will sich nicht einstellen.

Verzweifeln Sie nicht, wenn es nicht sofort klappt. Das ist normal. Wenn Sie Ihren Sex, Ihre Spontanität, Lust und Kreativität dem Kinderwunsch unterordnen, wenn sich Ihre Sexualität nach Zeitplan und Aufwachtemperatur abspielt, tut dies weder Ihrer Beziehung gut, noch fördert dieser Druck Ihre Fruchtbarkeit. Haben Sie Spaß am Sex und genießen Sie die Zeit miteinander.

Wenn Sie nicht auf natürlichem Wege schwanger werden, bietet die assistierte Reproduktion die Möglichkeit, den Kinderwunsch zu erfüllen. Dieses Buch macht Sie auch mit den Techniken der künstlichen Befruchtung vertraut und beantwortet alle wichtigen Fragen, auch finanzielle und juristische, zu diesem Thema.

Ich hoffe, dass Ihnen dieses Buch als Ratgeber dienen kann und Mut macht.

Gabriele Grünebaum
im Mai 2000

1. Wie funktioniert die Fortpflanzung?

Die Grundlage der Fortpflanzung ist die Verschmelzung von Ei- und Samenzelle. Was sich so einfach anhört und bei vielen Paaren mühelos oder gar unbeabsichtigt und bei den meisten mit viel Lust verbunden gelingt, ist das Ergebnis des perfekten Zusammenspiels vieler Faktoren.

Das Entstehen einer Schwangerschaft ist ein so komplexer Vorgang, dass es innerhalb eines Monatszyklus wahrscheinlicher ist, nicht schwanger zu werden als das Gegenteil. Selbst bei einem völlig gesunden Paar beträgt die Chance, bei regelmäßigem Geschlechtsverkehr innerhalb eines Zyklus schwanger zu werden, lediglich 20 bis 25 Prozent, und bei nur jedem zweiten Paar klappt es innerhalb der ersten Monate. Deshalb ist das Verständnis für die Grundlagen der Fruchtbarkeit so wichtig.

Die Geschlechtsorgane der Frau

Die weiblichen Geschlechtsorgane lassen sich anatomisch nach äußeren und inneren Genitalien unterscheiden. Zu den äußeren Genitalien gehört die Vulva mit den großen und kleinen Schamlippen (Labia majora und Labia minora), dem Kitzler (Klitoris), dem Scheideneingang, der Harnröhrenöffnung und dem Schamhügel. Zu den inneren Genitalorganen zählt man Scheide (Vagina), Gebärmutter (Uterus) mit dem Gebärmutterhals (Zervix), Eierstöcke (Ovarien) und Eileiter (Tuben). Für die Fortpflanzung sind vor allem die inneren, im Becken der Frau liegenden Geschlechtsorgane von Bedeutung.

Die biologischen Voraussetzungen für das Zustandekommen einer Schwangerschaft

Frau	Mann
Mittelhirn und Hirnanhangsdrüse: Produktion von Hormonen (GnRH, LH und FSH) **Eierstöcke:** Produktion der Hormone Östrogen und Progesteron, Reifung der Eier, Eisprung **Eileiter:** Durchlässigkeit muss gewährleistet sein, um den Eitransport zu ermöglichen **Gebärmutter:** Gebärmutterschleimhaut muss zur Aufnahme des Embryos vorbereitet sein **Gebärmutterhals:** Zervixschleim muss sich vor dem Eisprung verflüssigen **Scheide:** Scheidenflora muss intakt sein, es dürfen keine mechanischen Hindernisse vorhanden sein	**Mittelhirn und Hirnanhangsdrüse:** Produktion der Hormone FSH und LH **Hoden:** Produktion von Androgenen; Produktion und Reifung von Spermien **Samenableitende Wege:** Durchlässigkeit von Nebenhoden und Samenleiter, um den Samentransport zu ermöglichen **Funktionen der Sekret produzierenden Drüsen (Prostata):** Zusammensetzung der Sekrete von Vorsteherdrüse (Prostata) und Bläschendrüse müssen normal sein **Erektionsfähigkeit:** Fähigkeit des Mannes, den Geschlechtsverkehr auszuüben **Zeugungsfähigkeit:** Samenerguss in die Scheide muss möglich sein; die Samendichte muss hinreichend sein und genügend intakter Samen muss enthalten sein

Die Vulva

Die großen Schamlippen sind wie der Schamhügel an der Außenseite behaart und enthalten Fettgewebe sowie Talg- und Schweißdrüsen. Sie liegen schützend vor den anderen Geschlechtsorganen. Zwischen den großen Schamlippen befinden sich die unbehaarten kleinen Schamlippen, die den Scheidenvorhof bedecken und vorne zu einer Art Kapuze zusammenlaufen, unter der sich die Klitoris befindet. Diese ist als das wichtigste Lustorgan der Frau sehr empfindlich und schwillt bei sexueller Erregung an. Links und rechts des Scheideneingangs liegen die Bartholin-Drüsen, deren Sekret den Scheideneingang befeuchtet. Bei sexueller Erregung sondern sie eine gleitfähige Flüssigkeit ab. In den Scheidenvorhof münden außerdem Harnröhre und Scheideneingang. Hinter der Scheide schließen sich äußerlich Damm und After an.

Die Scheide

Die Scheide reicht vom inneren Scheideneingang bis zum Ansatz des Gebärmutterhalses. Sie ist äußerst dehnbar und elastisch und liegt im Normalzustand in zahlreichen Falten. Die Scheide ist mit Schleimhaut ausgekleidet, die sich je nach Zyklusphase und Alter verändert.

Die Gebärmutter

Die Gebärmutter besteht aus dem Gebärmutterkörper und dem Gebärmutterhals. Im nicht schwangeren Zustand ist die Gebärmutter faustgroß und birnenförmig. Im Inneren der Gebärmutter bereitet sich zu Beginn jedes Zyklus die Gebärmutterschleimhaut, das Endometrium, auf eine Schwangerschaft vor: Sie nimmt an Volumen zu und wird, wenn keine Schwangerschaft eintritt, mit der Menstruationsblutung abgestoßen.

Zum Schutz vor eindringenden Keimen ist der Zervixkanal in Richtung Gebärmutter meist durch einen zähen Schleimpfropf verschlossen. Ebenso wie die Gebärmutterschleimhaut verändern sich mit den zyklischen Hormonänderungen auch Menge und chemische Zusammensetzung des Zervixschleims. Diese Veränderungen kann jede Frau an sich selbst beobachten und daraus

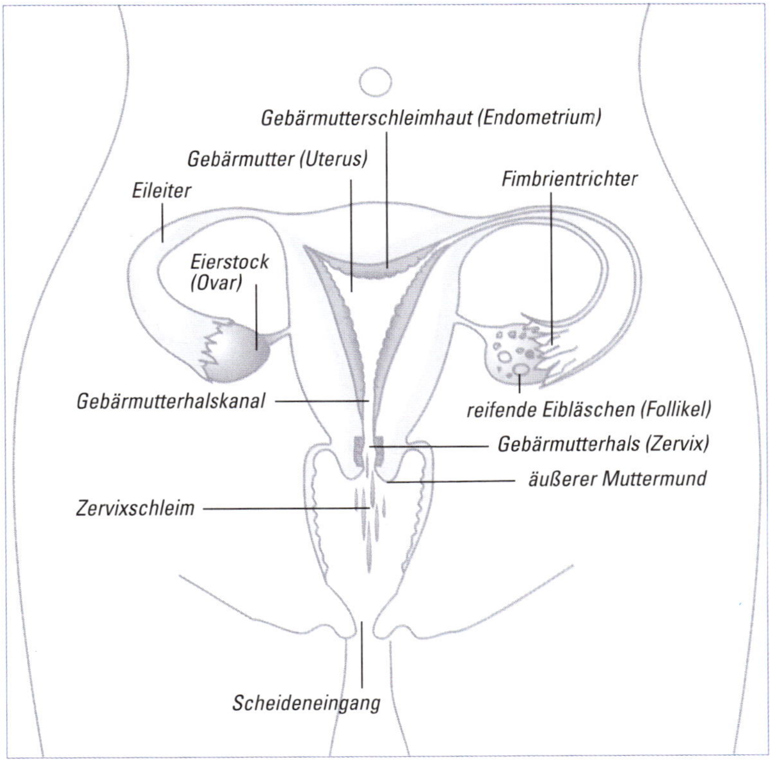

Die weiblichen Geschlechtsorgane im frontalen Querschnitt

... Das ist ja interessant! ..
F.B.

Rückschlüsse auf ihren Zyklus ziehen: Zu Beginn des Zyklus, nach der Menstruation, ist die Scheide eher trocken, und es tritt wenig Zervixschleim aus. Der Schleimpfropf, der den Gebärmutterhals zur Gebärmutter hin verschließt, ist zähflüssig und in der Regel für Spermien undurchlässig.

Je näher die fruchtbare Phase kommt, umso mehr Schleim ist am Scheideneingang zu beobachten. Er wird zunehmend dünnflüssiger, schließlich durchsichtig und zieht während der hochfruchtbaren Tagen Fäden zwischen zwei Fingern. Während das Milieu der Scheide immer eher sauer (pH-Wert < 7) ist, bietet der basische Zervixschleim (pH-Wert > 7) den Samenzellen ein günstiges Klima zum Überleben und ermöglicht ihnen die Wanderung zur Eizelle.

Je stärker der Östrogenspiegel bis zum Eisprung ansteigt, umso mehr Salz läßt sich auch im Zervixschleim – und im Speichel – nachweisen. Kurz vor dem Eisprung kristallisiert dieses Salz und ist unter dem Mikroskop als kristallines Muster erkennbar. Gegen Ende des Zyklus wird der Zervixschleim weißlich und klumpig, die Menge des Schleimes nimmt wieder ab.

Diese Beobachtungen hat der australische Neurologe John Billings zusammengefasst und als Grundlage für eine Methode der natürlichen Empfängnisplanung, die sogenannte Billingsmethode, beschrieben (siehe Zervixschleimbeobachtung S. 44).

Die Eierstöcke

Die paarig angelegten pflaumengroßen Eierstöcke, die Keimdrüsen der Frau, schließen an die trichterförmigen Enden der Eileiter an. Die Eierstöcke, in denen die Eizellen reifen, produzieren auch die Sexualhormone Östrogen und Progesteron. Schon bei der Geburt sind bei Mädchen ein bis zwei Millionen Eizellen in den Eierstöcken angelegt; sie bilden das Reservoir für die zyklische Eizellreifung der Frau zwischen Pubertät und Wechseljahren (Menopause).

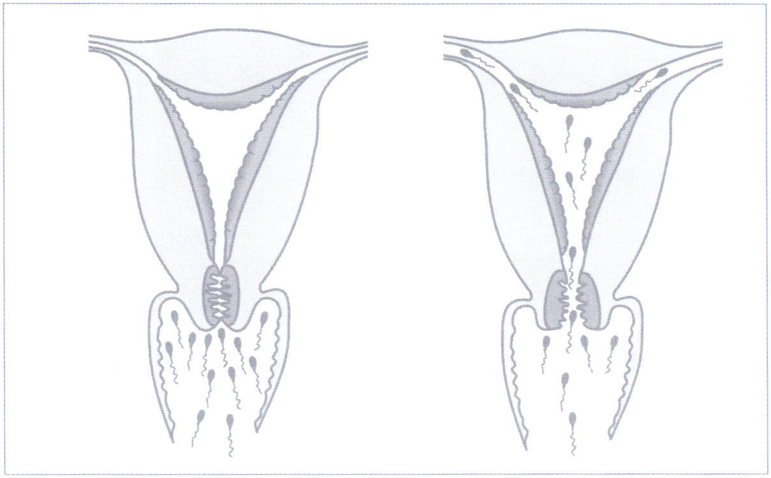

An den fruchtbaren Tagen (rechts) fehlt der Schleimpfropf (links), der die Spermien am Vordringen in die Gebärmutter hindert.

Allmonatlich reifen aus diesem Vorrat normalerweise mehrere Eizellen heran, die jeweils geschützt an der Wand eines flüssigkeitsgefüllten Eibläschens, dem Follikel, liegen. Während des Reifestadiums hebt sich meist nur ein Follikel aus der reifenden Gruppe ab, wächst weiter und erreicht mit dem Reifestadium einen Durchmesser von etwa 20 bis 25 mm. Mit einem Ultraschallgerät ist dieser sogenannte Leitfollikel dann für den Arzt sehr gut sichtbar.

Ungefähr in der Mitte des Menstruationszyklus platzt die Eihülle des Follikels auf, eine Eizelle (Ovum) „springt" heraus und wandert durch die Eileiter in Richtung der Gebärmutter. Auf diesem Weg kann sie von einer Samenzelle befruchtet werden. Geschieht dies nicht innerhalb von wenigen Stunden, stirbt sie ab und 14 Tage später beginnt die nächste Menstruation.

Die Eileiter

Die Verbindungen zwischen den Eierstöcken und der Gebärmutter, die Eileiter, sind ebenso wie die Eierstöcke paarig angelegt und formen am Ende jeweils einen Fimbrientrichter für die Aufnahme der Eier aus dem entsprechenden Eierstock. Auch im Inneren der bleistiftdicken Eileiter befinden sich über ihre gesamte Länge von etwa 10 bis 18 cm zigtausende feinste Flimmerhärchen. Nach dem Eisprung wird die Eizelle vom Fimbrientrichter aufgenommen und wandert, unterstützt durch die Eileitermuskulatur und den Wellenschlag der Flimmerhärchen, durch den Eileiter zur Gebärmutter. Die Kontraktion der Eileitermuskulatur kann auch durch Prostaglandine, Stoffe in der Samenflüssigkeit, angeregt werden. Die zarten Flimmerhärchen der Eileiter sind extrem empfindlich und verkleben leicht durch eine Entzündung, so dass der Eileiter für Ei- und Samenzellen undurchlässig werden kann.

Im Eileiter, meist nahe eines Fimbrientrichters, treffen Eizelle und Samenzelle aufeinander und die Befruchtung findet statt. Die Samenzellen legen den Weg vom Muttermund durch die Gebärmutter bis in die Eileiter in etwa zwei Stunden zurück, können dort aber etwa drei Tage (in seltenen Fällen auch bis zu fünf oder sechs Tage) überleben. Wird eine Eizelle im Eileiter befruchtet und ist sie bis in die Gebärmutter gewandert, nistet sie sich dort ein und wächst weiter.

Die männlichen Geschlechtsorgane im seitlichen Querschnitt

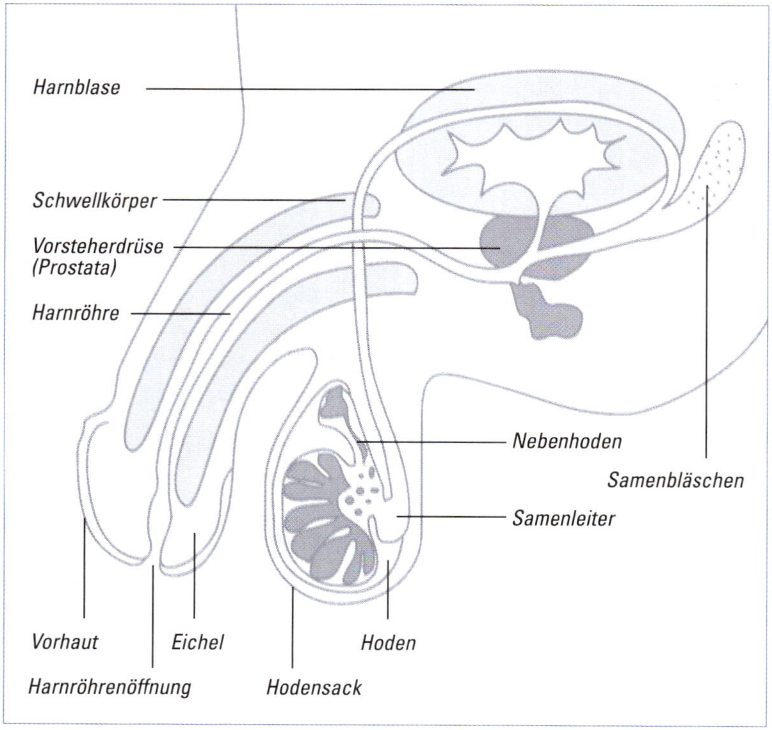

Die Geschlechtsorgane des Mannes

Zu den Geschlechtsorganen des Mannes zählen Penis (Glied), Hoden (Testes), Nebenhoden mit Samenbläschen und Samenleiter sowie Vorsteherdrüse (Prostata).

Der Penis besteht aus Peniswurzel, die den Penis am Schambein und an der Symphyse des Beckens befestigt, und dem Penisschaft, der frei beweglich ist und an dessen Ende die Eichel liegt. Der Penis ist von einer dehnbahren Haut umhüllt, über der Eichel auch Vorhaut genannt. Der Penisschaft umgibt die Harnsamenröhre und enthält Schwellkörper, Blutgefäße, in die bei sexueller Erregung Blut strömt, was wiederum zur Verlängerung und Versteifung des Penis führt.

Die pflaumengroßen Hoden, die Keimdrüsen des Mannes, liegen außerhalb der Bauchhöhle im Hodensack, wo die Samenzellen (Spermien) und das Sexualhormon Testosteron gebildet werden. Für die Samenreifung (Spermiogenese) sind Temperaturen von etwa 32 °C optimal – würden die Hoden innerhalb der Bauchhöhle liegen, hätten sie die normale Körpertemperatur (etwa 37 °C), und die Samenreifung würde nicht funktionieren. Das Samenzellen bildende Gewebe des Mannes ist sehr empfindlich. Wenn es zum Beispiel durch eine schwere Entzündung, etwa Mumps, geschädigt wurde, erholt es sich häufig nicht mehr oder nur unzureichend.

Die Bildung und Reifung der Samen findet beim Mann ab der Pubertät bis ins hohe Alter ständig statt und ist keinem zyklischen Rhythmus unterworfen. Die Entwicklung der Samenzellen bis zur Reife dauert insgesamt etwa zehn bis elf Wochen, bei einem gesunden Mann werden täglich etwa 20 bis 100 Millionen Spermien produziert. Unter dem Einfluss von Testosteron reifen die Samenzellen schließlich in den Nebenhoden, die kappenförmig am Hoden anliegen, innerhalb von etwa zwölf Tagen bis zu ihrer Befruchtungsfähigkeit heran. Die reifen Samenzellen werden dann im Samenleiter gespeichert, der aus dem Nebenhodengang hervorgeht.

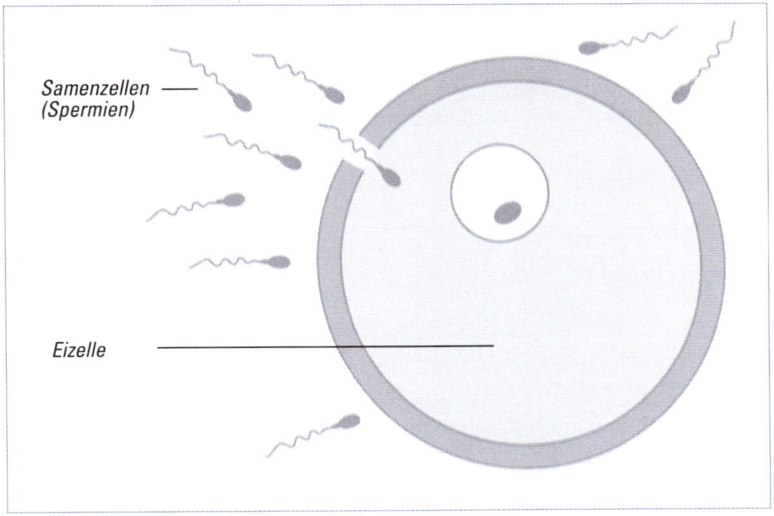

Nur eines der im Vergleich zur Eizelle winzigen Spermien hat die Chance zur Befruchtung.

Der Samenleiter verläuft durch den Leistenkanal in den Bauchraum und an der Wand des kleinen Beckens entlang zur Harnblase. Innerhalb der Vorsteherdrüse (Prostata) mündet der Samenleiter in die Harnsamenröhre, in deren Wand während des Samenergusses glatte Muskelzellen kontrahieren. Die Vorsteherdrüse ist ein fester runder Körper von der Größe einer Walnuss am unteren Ende der Harnblase . Ihre 12 bis 20 Ausführungsgänge geben ein Sekret in die Harnröhre ab, das den Hauptanteil der Samenflüssigkeit ausmacht und dessen Bestandteile die Beweglichkeit und Befruchtungsfähigkeit der Samenzellen fördern.

Beim Samenerguss (Ejakulation) werden die durchschnittlich etwa 150 Millionen Spermien, vermischt mit den Sekreten von Prostata und Samenbläschen, mit großer Wucht schubweise aus dem Harnsamengang hinausgetrieben. Das reife Spermium, nur etwa 0,2 mm lang, besteht aus dem Spermienschwanz, einem stärkeren Mittelstück und dem kompakten Spermienkopf, in dem das Erbgut liegt.

Der weibliche Zyklus

*Als **Zyklus** wird der Rhythmus bezeichnet, in dem sich die Menstruation mehr oder weniger regelmäßig wiederholt. Der erste Tag der Menstruation ist als erster Zyklustag definiert. Ein Zyklus dauert vom ersten Tag einer Menstruation bis zum ersten Tag der nächsten Menstruation – das sind im Durchschnitt 28 Tage, die Zykluslänge kann von Frau zu Frau aber zwischen 21 und 35 Tagen variieren.*

Der Beginn der Geschlechtsreife wird bei der Frau durch die erste Menstruationsblutung signalisiert, die etwa im Alter von zwölf Jahren auftritt. Mit Einsetzen der Menstruation sind die weiblichen Fortpflanzungsorgane zyklischen Veränderungen unterworfen, die unter anderem in den Eierstöcken, der Gebärmutter, den Schleimhäuten, der Brust sowie der Psyche erkennbar werden und sich offensichtlich an der periodisch auftretenden Blutung zeigen. Von der Pubertät bis etwa zum 45. bis 55. Lebensjahr, wenn die Wechseljahre beginnen, bereitet sich der weibliche Körper allmonatlich auf eine eventuelle Schwangerschaft vor. In jedem Zyklus ist es jedoch an nur etwa fünf Tagen möglich, ein Kind zu zeugen.

In der ersten Zyklusphase

In der ersten Phase des Zyklus, der Follikelreifungsphase, bereitet sich der Körper auf eine mögliche Schwangerschaft vor: Aus dem Bestand der Eizellen in den Eierstöcken wachsen etwa 20 Eibläschen (Follikel) heran. In der Regel gelingt es genau einem Eibläschen, dem so genannten Leitfollikel, sich weiter zu entwickeln. Wenn ausnahmsweise zwei oder mehr Eibläschen weiter reifen und befruchtet werden – das passiert vor allem nach einer hormonellen Behandlung – entstehen mehreiige Zwillinge bzw. Mehrlinge.

Das von den Follikeln produzierte Östrogen nimmt Einfluss auf die Schleimhäute des Körpers: Die Gebärmutterschleimhaut wird auf eine mögliche Schwangerschaft vorbereitet, die Barriere des Zervixschleims, welche die Gebärmutter vor eindringenden Keimen schützt, wird immer weniger zäh.

Der Eisprung

Ungefähr zur Zyklusmitte hat sich der Zervixschleim vor der Gebärmutter weitgehend verflüssigt, und die Schleimmenge, die aus der Scheide austritt, hat insgesamt zugenommen: Ein spermienfreundliches Klima ist entstanden.

Wenn der Leitfollikel seine maximale Größe von etwa 22 mm Durchmesser erreicht hat, produziert der Körper sprunghaft das luteinisierende Hormon (LH), das etwa 16 bis 36 Stunden später den Eisprung (Ovulation) auslöst: Das Eibläschen platzt auf und entlässt die Eizelle in den Eileiter – erst jetzt kann die Eizelle befruchtet werden.

Der Eisprung findet unabhängig von der Zykluslänge immer zurückgerechnet etwa 14 Tage vor Beginn der nächsten Menstruation statt. Der Eisprung ist für jede Empfängnisplanung von zentraler Bedeutung. Wir können zwar nicht genau feststellen, wann er stattfindet, allerdings gibt es zahlreiche Methoden, den Zeitpunkt des Eisprungs zu errechnen oder aufgrund verschiedener Beobachtungen und Messungen darauf zu schließen (siehe Fruchtbare Tage S. 34; natürliche Familienplanung, S. 37).

In der zweiten Zyklusphase

Die Reste des verbleibenden Follikels bilden sich nach dem Eisprung im Eierstock zum so genannten Gelbkörper (Corpus luteum) um, der während der gesamten zweiten Zyklushälfte das so genannte Gelbkörperhormon, Progesteron, produziert. Dieses Hormon hat Einfluss auf die Wärmeregulation des Körpers und führt zu einer Erhöhung der Körpertemperatur um zirka 0,5 °C etwa zwei Tage nach dem Eisprung bis kurz vor Beginn der Menstruation, also für etwa zwölf Tage. Direkt vor der Monatsblutung sinkt die Körpertemperatur wieder auf Normalmaß ab. Während der ersten Zyklusphase ist die Körpertemperatur also niedriger als während der zweiten Phase.

Da Progesteron nur gebildet werden kann, wenn ein Eisprung vorausgegangen ist, kann der Temperaturanstieg als ein ziemlich sicheres Anzeichen für einen Eisprung angesehen werden.

Die Menstruation

Ist die Eizelle nach dem Eisprung nicht befruchtet worden, geht der Gelbkörper im Eierstock zugrunde. Dadurch fällt der Progesterongehalt im Blut und auch die Produktion von Östrogen nimmt gegen Ende des Zyklus wieder ab: Somit kommt es zum Abbluten der Gebärmutterschleimhaut, der Menstruation.

Die Dauer der Menstruation liegt zwischen drei und sechs Tagen; die Stärke ist sehr unterschiedlich und geht bei manchen Frauen mit mehr oder weniger starken „Regelschmerzen" einher. Durchschnittlich verliert eine Frau während der Menstruation etwa 50 ml Blut.

Die Menstruation tritt nur dann ein, wenn keine Schwangerschaft vorliegt. Das Ausbleiben der Menstruation kann daher als ein Hinweis für das Vorliegen einer Schwangerschaft gelten. Aber Achtung: Es gibt auch Fälle, bei denen es nach dem Eintreten einer Schwangerschaft in den ersten Monaten noch zu leichten Blutungen kommt. Umgekehrt können starke psychische oder körperliche Belastungen ebenfalls zum Ausbleiben der Monatsblutung führen, ohne dass eine Schwangerschaft vorliegt.

Wie Hormone wirken

Hormone sind schon in kleinsten Mengen wirksam und an fast allen Vorgängen im menschlichen Körper beteiligt – insbesondere an allen Prozessen, die mit der Fortpflanzung zu tun haben: Die Tätigkeit der Eierstöcke sowie der Hoden wird von Hormonen gesteuert. Während die Geschlechtshormone beim Mann relativ gleichmäßig gebildet werden, unterliegt die Hormonproduktion bei der Frau zyklischen Schwankungen. Ein Gleichgewicht der Hormone zum richtigen Zeitpunkt ist für die Fruchtbarkeit entscheidend. Schon kleinste Unregelmäßigkeiten im Zusammenspiel können den gesamten Ablauf behindern und zu Fruchtbarkeitsstörungen führen.

Das Gonadotropin-Freisetzungshormon (GnRH)

Zentral für die Steuerung der Hormone ist das Gonadotropin-Freisetzungshormon (GnRH = Gonadotropin Releasing Hormone), das rhyth-

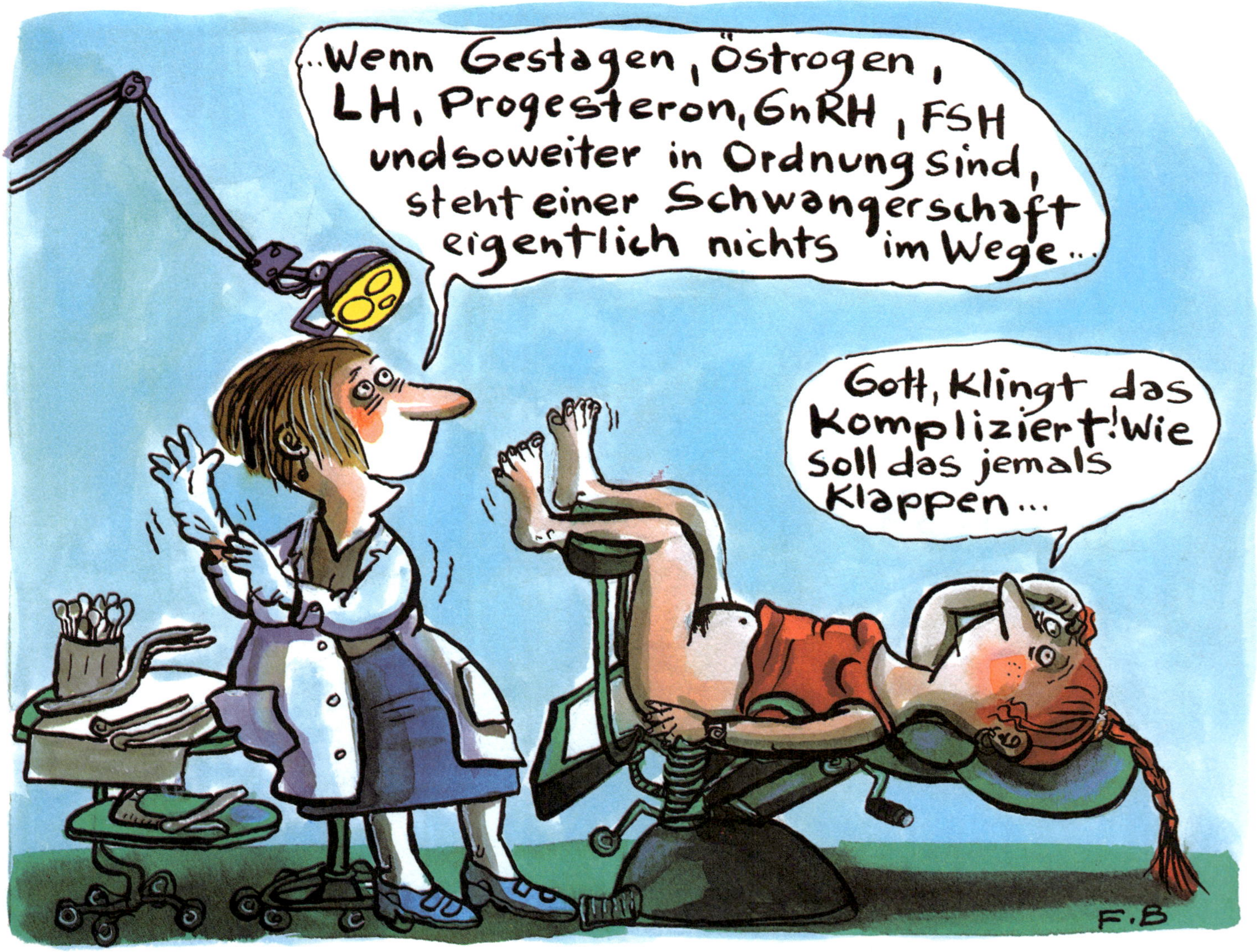
..Wenn Gestagen, Östrogen, LH, Progesteron, GnRH, FSH undsoweiter in Ordnung sind, steht einer Schwangerschaft eigentlich nichts im Wege...
Gott, Klingt das Kompliziert! Wie Soll das jemals Klappen...
F.B

misch vom Mittelhirn (Hypothalamus) abgegeben wird. Nur wenn die Frequenz der Ausschüttung exakt stimmt, setzt dieses Hormon während des weiblichen Zyklus eine Kettenreaktion in Gang und regt in der Hirnanhangsdrüse (Hypophyse) die Ausschüttung von zwei weiteren Hormonen an, dem follikelstimulierenden Hormon (FSH) und dem luteinisierenden Hormon (LH).

Das follikelstimulierende Hormon (FSH)

Bei Frauen wird das follikelstimulierende Hormon hauptsächlich in der ersten Hälfte des Zyklus ausgeschüttet. Unter seinem Einfluss wachsen zu Beginn eines Zyklus die Eibläschen heran, die Östrogen produzieren. Wenn eine bestimmte Östrogenkonzentration im Blut erreicht ist, nimmt die Produktion des follikelstimulierenden Hormons wieder ab, so dass die Eireifung reduziert wird. Dadurch erhält nur noch ein Eibläschen, der sogenannte Leitfollikel, ausreichend follikelstimulierendes Hormon und kann weiter heranreifen. Die anderen Eibläschen werden abgebaut.

Bei Männern regt FSH die Neuproduktion von Samenzellen im Hoden an.

Das luteinisierende Hormon (LH)

Das luteinisierende Hormon (LH) oder Hypophysenhormon löst bei Frauen den Eisprung aus. Sobald die Östrogenproduktion des heranreifenden Leitfollikels in der Mitte des Zyklus ihr Maximum erreicht hat und anzeigt, dass die Eizelle bald reif zur Befruchtung ist, schüttet die Hirnanhangsdrüse große Mengen des luteinisierenden Hormons aus. Ungefähr 16 bis 36 Stunden nach der LH-Schwemme findet dann der Eisprung statt, das heißt, das Ei löst sich aus dem Follikel.

Beim Mann regt dieses Hormon die Bildung des männlichen Geschlechtshormons Testosteron an.

Das Progesteron

Das Progesteron ist ein weibliches Sexualhormon und gehört zur Familie der Gestagene. Es wird auch Gelbkörperhormon genannt, weil es vom Gelbkörper (Corpus luteum) produziert wird.
Im Körper der Frau hat es folgende Wirkungen:

- Einfluss auf die Vorbereitung der Gebärmutterschleimhaut für die Einnistung eines Eis ab der Zyklusmitte.
- Anstieg der Körpertemperatur ein bis zwei Tage nach dem Eisprung um etwa 0,5 Grad bis zum Zyklusende.
- Abfall der Progesteronkonzentration bei unbefruchtetem Ei führt zum Einsetzen der Regelblutung.
- Aufrechterhaltung einer Schwangerschaft in den ersten Wochen: Bei Einnistung eines befruchteten Eis bleibt der Gelbkörper erhalten und sorgt für eine ausreichende Progesteronproduktion, bis die Plazenta (Mutterkuchen) und der Embryo in der Lage sind, die Progesteronproduktion selbst zu übernehmen.
- Senkung der Muskelspannung unter anderem in der Gebärmutter, damit die Schwangerschaft nicht durch vorzeitige Wehen gefährdet ist.

*Der Begriff **Progesteron** stammt aus dem Griechischen und bedeutet „für die Schwangerschaft".*

Das Testosteron

Testosteron ist ein männliches Sexualhormon, das zu 90 Prozent in den Zwischenzellen des Hodengewebes und zu 10 Prozent in den Nebennieren – auch bei der Frau – gebildet wird. Testosteron ist unter anderem verantwortlich für die Spermienreifung, das Wachstum von Penis und Prostata und die Ausbildung der sekundären Geschlechtsmerkmale beim Mann wie Bartwuchs und übrige Körperbehaarung. Außerdem beeinflusst der Testosterongehalt die Entwicklung der Muskulatur auch bei der Frau.

Das Prolaktin (LTH)

Prolaktin, das luteotrope Hormon (LTH), wird in der Hypophyse, der Hirnanhangsdrüse, gebildet. Seine wichtigste Funktion beim Menschen ist der Einfluss auf die Milchbildung in der weiblichen Brust. Die Prolaktin-Konzentration steigt von der achten Schwangerschaftswoche an und wird nach der Geburt durch den Stillreiz auf einem gleichbleibend hohen Niveau gehalten.

Die vermehrte Bildung von Prolaktin während der Stillzeit hemmt die Produktion von Gonadotropin (und somit LH und FSH) mit der Folge, dass bei stillenden Müttern meist der Menstruationszyklus nicht normal einsetzt. Nach Ende der Stillzeit kehrt die Prolaktin-Konzentration auf den Normalwert zurück, und der Zyklus pendelt sich wieder ein. Auch in Stresssituationen schüttet der Körper vermehrt Prolaktin aus, was dann – vorübergehend – zu Unfruchtbarkeit führen kann.

Clomiphen

Bei geringen Störungen im zeitlichen und hormonellen Zyklusablauf und zum Ausgleich einer Gelbkörperschwäche wird im Rahmen der hormonellen Stimulation während der Sterilitätsbehandlung der Wirkstoff Clomiphen eingesetzt. Clomiphen ist kein natürliches Hormon, sondern ein synthetischer hormonähnlicher Wirkstoff, der meist vom Arzt verschrieben wird, um den Eisprung künstlich einzuleiten.

Clomiphen wirkt wie ein „Anti-Östrogen" und verdrängt das körpereigene natürliche Östrogen von seinen Wirkorten. Den hormonellen Kontrollzentren wird dadurch fälschlicherweise vorgegaukelt, dass nicht genügend Östrogen gebildet wird, worauf die Hirnanhangsdrüse (Hypophyse) die Kettenreaktion zur Östrogenproduktion in Gang bringt: Es wird vermehrt Gonadotropin-Freisetzungshormon (GnRH) ausgeschüttet, wodurch die Produktion des follikelstimulierenden Hormons (FSH) und des luteinisierenden Hormons (LH) ansteigt. Die Eierstöcke werden angeregt und verbessern die Follikel- und Eizellreifung.

1+1=1
Der Weg der Eizelle

Die Befruchtung oder Konzeption ist der Augenblick, in dem die Samenzelle (Spermium) mit der Eizelle (Ovum) verschmilzt. Mediziner, Theologen, Philosophen und nicht zuletzt auch Juristen sind unterschiedlicher Auffassung darüber, ob die Befruchtung mit dem Beginn des Lebens gleichzusetzen ist. Genauso kontrovers wird der Beginn einer Schwangerschaft diskutiert: Fängt auch sie bereits mit der Befruchtung an, wie die katholische Kirche meint, oder erst mit der Einnistung der befruchteten Eizelle in die Gebärmutter, wie viele Mediziner meinen?

Der Befruchtungsvorgang ist ein längerer Prozess, der mit der Imprägnation, dem Eindringen des Samens in die Eizelle, beginnt. Innerhalb von zwei bis drei Stunden schaffen nur etwa 1000 Spermien den Weg bis zur Eizelle und nur einem davon gelingt es, in sie einzudringen. Daraufhin verändert sich die Eizellmembran, so dass ein weiteres Eindringen von Spermien verhindert wird.

Am ersten Tag nach dem Eindringen des Samens in die Eizelle sind mütterliches und väterliches Erbgut in der Eizelle noch getrennt verpackt. Innerhalb der folgenden 24 Stunden kommt es dann aber zur Verschmelzung der beiden Kerne, und erst danach ist mit Entstehung eines neuen Zellkerns und neu geordnetem Erbmaterial die Befruchtung abgeschlossen.

Die befruchtete Eizelle, jetzt Blastozyste genannt, entwickelt sich rasch durch Zellteilung weiter, während sie durch den Eileiter in die Gebärmutter wandert. Auf ihrer Wanderschaft ist sie sehr empfindlich, so dass jegliche ungünstige Einflüsse wie Fieber, Stress, körperliche Belastungen, Umwelteinflüsse oder Störungen bei den Zellteilungen ihre weitere Entwicklung und Einnistung behindern können. In diesem Stadium gilt das „Alles-oder-Nichts-Prinzip": Entweder die Eizelle regeneriert sich vollständig oder sie stirbt ab. Nur etwa 20 bis 25 Prozent aller befruchteten Eizellen überleben den Weg in die Gebärmutter. Eine Befruchtung allein ist also noch keine Garantie für eine beginnende Schwangerschaft.

Ist die Blastozyste etwa fünf bis sechs Tage nach dem Eisprung in der Gebärmutter angekommen, heftet sie sich an die Gebärmutterwand und durchdringt diese mit eigenen Zellen, um so Anschluss an die mütterlichen Blutgefäße zu erhalten. Diesen Vorgang nennt man auch Einnistung (Nidation oder Implantation).

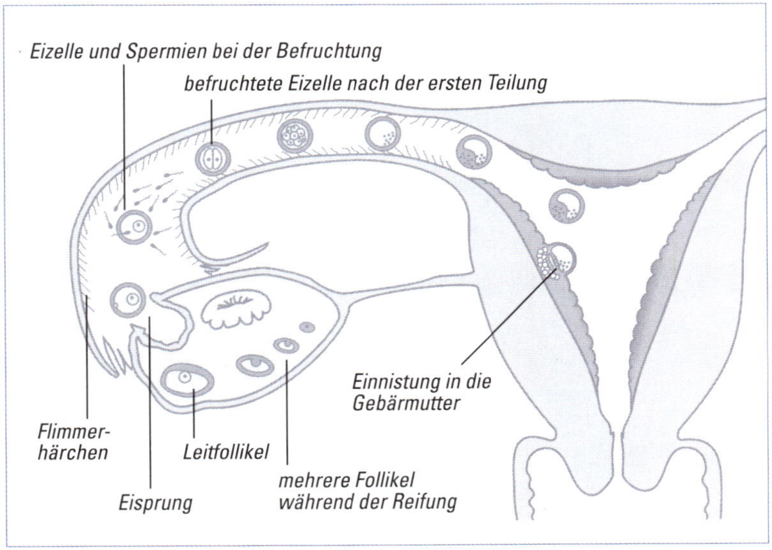

Der Weg der Eizelle vom Eisprung bis zur Einnistung in die Gebärmutter

Nun beginnen verschiedene Kettenreaktionen, die auf geradezu wunderbare Weise über kompliziert verknüpfte Prozesse den Grundstein für das Wachstum eines neuen Menschen legen: Sobald sich die Blastozyste einnistet, bildet sie das Schwangerschaftshormon, das humane Chorion-Gonadotropin (hCG), das zum Erhalt des Gelbkörpers wie auch der Gebärmutterschleimhaut beiträgt und das Einsetzen einer Menstruation verhindert. Nach einer erfolgreichen Befruchtung bildet der Gelbkörper vermehrt das Gelbkörperhormon Progesteron, das ebenfalls den Erhalt der Schwangerschaft unterstützt.

Etwa zehn bis elf Tage nach Ovulation und Befruchtung und etwa drei Tage, bevor eine neue Regelblutung eintreten würde, kann erstmals durch eine Hormonuntersuchung eine beginnende Schwangerschaft festgestellt werden.

Ich bin zuerst auf die Welt gekommen!
Meine Eizelle ist zuerst befruchtet worden!
Ich hab den größten Mutter-Kuchen gegessen!
F.B

Die Keimzellen

Die Keimzelle der Frau ist die Eizelle, die des Mannes die Samenzelle. In den Kernen der Keimzellen ist die Erbinformation des Menschen in Form von Genen auf den Chromosomen gespeichert. Während alle Körperzellen 46 Chromosomen, jeweils zwei mit den gleichen Genen, enthalten, tragen alle Samenzellen und alle befruchtungsfähigen Eizellen nur die Hälfte, nämlich jeweils 23 Chromosomen. Der Bildung von Keimzellen mit dem halben Chromosomensatz geht beim Menschen die Reduktionsteilung oder Meiose voraus. Wenn die Keimzellen bei der Befruchtung verschmelzen, ergänzen sich die Erbinformationen des Vaters und die der Mutter zu einem neuen Chromosomensatz. Aus zweimal 23 Chromosomen werden 23 Paare. Zu diesem Zeitpunkt liegen Haarfarbe, Blutgruppe, Geschlecht und viele weitere Eigenschaften des entstehenden Menschen bereits fest.

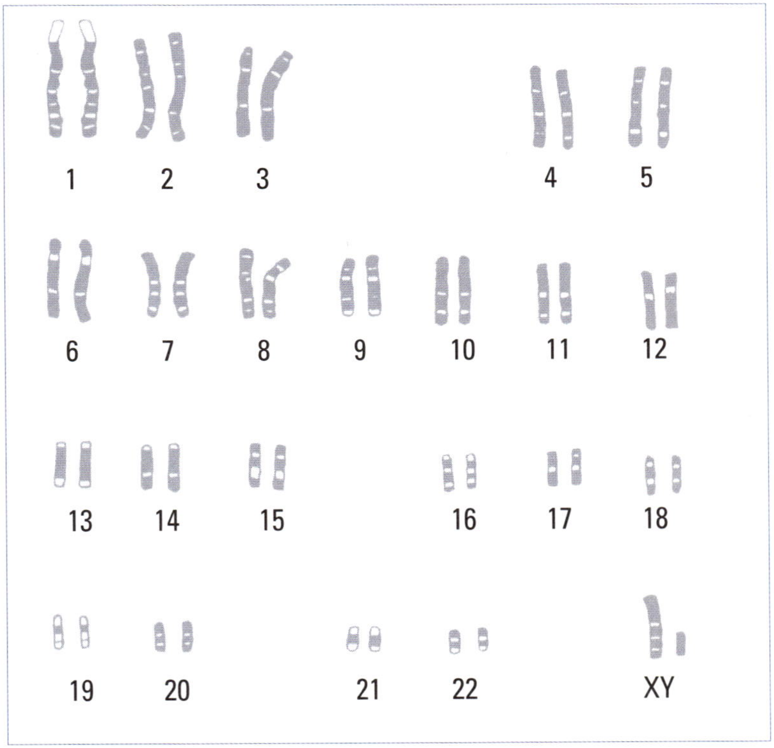

Ein menschlicher Chromosomensatz: Die Chromosomen liegen paarweise vor.

1, 2, 3 – ganz viele?

Meist wird ein Ei befruchtet und ein Kind ausgetragen, Mehrlingsschwangerschaften sind selten. Wenn jedoch einmal zwei (oder mehr) Eizellen zeitgleich reifen und auch befruchtet werden oder sich eine befruchtete Eizelle in einem sehr frühen Entwicklungsstadium vollständig teilt, kommt es zu einer Mehrlingsschwangerschaft.

Die natürliche Häufigkeit von Mehrlingsschwangerschaften sinkt exponentiell: Statistisch kommt es bei einer von 85 Schwangerschaften zu Zwillingen, bei einer von 7225 (85 x 85) Schwangerschaften zu Drillingen, bei nur einer von 614 125 (85 x 85 x 85) Schwangerschaften gibt es Vierlinge. Der Anteil von mehreiigen Schwangerschaften hängt auch von der ethnischen Herkunft und dem Alter der Mutter ab. In einigen afrikanischen Stämmen kann er bei bis zu vier Prozent liegen, in Asien bei unter 0,7 Prozent. Ausnahmen von dieser natürlichen Häufigkeit sind Schwangerschaften, die durch Hormonbehandlungen entstanden sind: Danach kommt es wesentlich häufiger zu Mehrlingsschwangerschaften.

Eineiige Zwillinge entstehen aus einer Eizelle, die durch ein Spermium befruchtet wird und sich

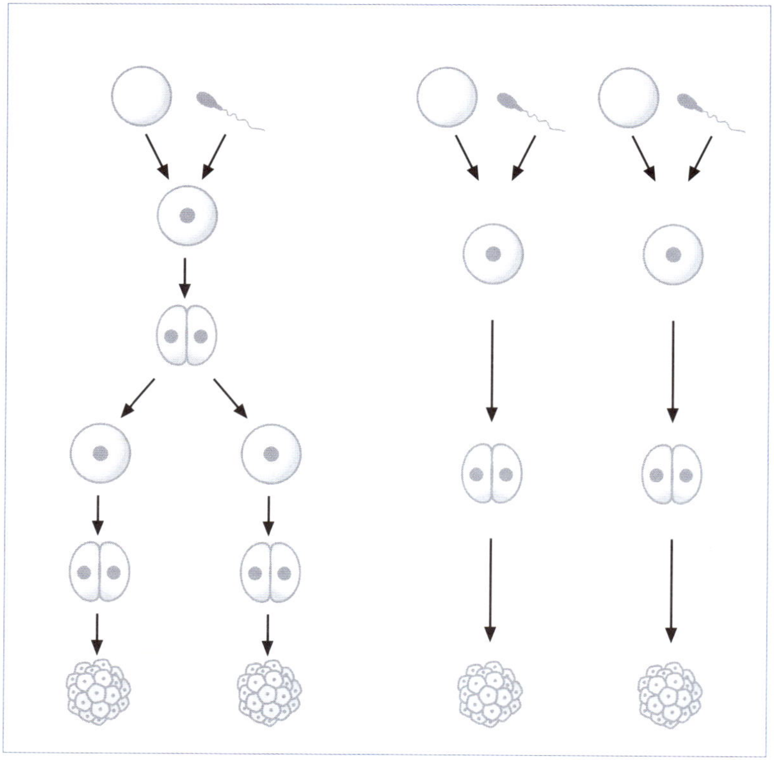

Eineiige Zwillinge entstehen aus nur je einer Ei- und Samenzelle. Bei zweieiigen Zwillingen werden zwei verschiedene Eizellen von je einer Samenzelle befruchtet.

im frühen Stadium der Entwicklung in ihrer Gesamtheit teilt. Beide Teile entwickeln sich dann unabhängig voneinander weiter. Da die beiden Embryonen aus nur einer Eizelle und einer Samenzelle hervorgegangen sind, besitzen eineiige Zwillinge identische Erbanlagen. Sie haben das gleiche Geschlecht und sehen sich sehr ähnlich. Auf etwa 250 Schwangerschaften kommt eine Schwangerschaft mit eineiigen Zwillingen – auf der ganzen Welt, unabhängig von der ethnischen Herkunft oder dem Alter der Mutter.

Erfolgt die vollständige Eiteilung innerhalb der ersten drei Tage, entwickelt jeder Embryo eigene Eihäute und eine eigene Plazenta. Kommt die Trennung der Eianteile erst später zustande – bis zum 13. Tag nach der Befruchtung –, nachdem der Keimling schon eine Differenzierung seiner embryonalen Hüllen erfahren hat, verbindet die Zwillinge eine gemeinsame Plazenta und sie liegen möglicherweise zusammen in einer Fruchtblase.

Mehreiige Zwillinge: Die Mehrzahl der Mehrlinge entsteht, wenn in einem Zyklus zwei (oder mehr) befruchtungsfähige Eizellen vom Eierstock gebildet und von zwei (oder mehreren) verschiedenen Samenzellen befruchtet werden. Solche Mehrlinge haben unterschiedliches Erbgut: Die Kinder können gleich- oder verschiedengeschlechtlich sein und sind sich so ähnlich wie „normale" Geschwister. Jedes Kind verfügt über eine eigene Plazenta.

Mehrlingsschwangerschaften werden in der heutigen Medizin als Risikoschwangerschaften eingestuft und bedürfen der aufmerksamen Überwachung und Vorsorge.

Sechs Tipps für eine optimal vorbereitete Schwangerschaft

Wenn Sie sich ein Kind wünschen, können Sie dazu beitragen, für Ihr Baby schon vor der Schwangerschaft die besten Voraussetzungen zu schaffen.

1. Gehen Sie mit Ihrem Partner schon vor der Empfängnis zu einer ärztlichen Beratung.
   Klären Sie mit Ihrem Arzt, ob Ihre körperlichen Voraussetzungen für eine gesunde Schwangerschaft optimal sind, und lassen Sie sich über Ihr genetisches Risiko aufklären.

2. Beantworten Sie den Fragebogen „Mein persönliches Risiko" (siehe Anhang S. 133), bevor Sie zum Arzt gehen.
   Der Arzt erhält so einen guten Überblick über Ihre körperliche Konstitution sowie Ihr Allgemeinbefinden und kann damit sein Gespräch mit Ihnen auf eine solide Grundlage stellen.

3. Lassen Sie einen Bluttest vornehmen, der wichtige Infektionskrankheiten überprüft,
   so zum Beispiel das HIV-Risiko, Toxoplasmose, Zytomegalie usw., und Ihre Blutgruppe bestimmt.

4. Mindestens drei Monate vor Eintritt einer Schwangerschaft sollten alle notwendigen Impfungen durchgeführt werden.
   Überprüfen Sie Ihren Impfpass und die Geschichte Ihrer Kinderkrankheiten. Falls Sie zum Beispiel nicht gegen Röteln oder Windpocken immun sind, müssen Sie sich rechtzeitig impfen lassen, um lebensgefährliche Infektionen für Ihr Kind zu vermeiden.

5. Jetzt ist es Zeit, dass Sie sich Ihrem Idealgewicht annähern.
   Über- oder Untergewicht schadet nicht nur der Fruchtbarkeit, sondern verursacht auch während der Schwangerschaft häufig Probleme.

6. Achten Sie besonders auf Ihre Ernährung.
   Gerade vor und während der Schwangerschaft ist Ihr Körper und der Ihres Kindes auf eine optimale Versorgung mit Nährstoffen, Vitaminen, Mineralien und Spurenelementen angewiesen. Wenn Sie mindestens 0,4 mg Folsäure täglich einige Monate vor und während der ersten Monate der Schwangerschaft einnehmen, können Sie die Gefahr von Neuralrohrdefekten (Missbildungen des zentralen Nervensystems und der Wirbelsäule) und anderen Entwicklungsschäden bei Ihrem Kind erheblich senken. Falls Sie bereits ein Kind mit Neuralrohrdefekt haben, sollten Sie die Dosis in Absprache mit Ihrem Arzt erhöhen.

2. Wie und wann machen wir ein Baby?

Zur Fortpflanzung gehören nicht nur die körperlichen Voraussetzungen für eine Schwangerschaft, sondern natürlich auch der Akt selbst, um die Keimzellen zueinander zu bringen. Um auf natürlichem Wege ein Kind zu zeugen, muss zumindest der Mann einen Orgasmus haben, ejakulieren, und die Samen müssen in die Vagina der Frau gelangen. Ob und welchen Einfluss der Orgasmus der Frau darauf hat, dass sie schwanger wird, ist nicht nachgewiesen. Aber auf jeden Fall macht Sex mit einem Orgasmus mehr Spaß! Und ein gutes Vorspiel macht die Vagina feuchter und verbessert das Milieu für die Spermien.

Die besten Stellungen zum Schwangerwerden

Sie können in fast jeder Stellung schwanger werden. Die ein oder andere Beischlafposition allerdings erleichtert es den Spermien, den Weg zu den Eileitern zu finden. Wenn das Ejakulat beim Geschlechtsverkehr tief in die Vagina gelangt, können die Samenzellen bis zu 72 Stunden (in seltenen Fällen auch fünf bis sechs Tage) befruchtungsfähig bleiben.

Aber unabhängig von der Stellung, in der Sie miteinander schlafen: Der Sex sollte Ihnen beiden Spaß machen. Betrachten Sie den Beischlaf nicht als technische Notwendigkeit, um schwanger zu werden – wenn Sie unter Stress miteinander schlafen, leidet Ihre Fruchtbarkeit (siehe Entspannung vom Stress S. 66).

Was Sie vermeiden sollten, wenn Sie schwanger werden wollen:

- Geschlechtsverkehr im Stehen oder Sitzen, weil das Sperma nicht so tief in die Vagina gelangt und nach dem Geschlechtsverkehr auch schnell wieder aus der Vagina herausfließt.
- Nach Analverkehr sollte der Partner den Penis nie, ohne ihn vorher gewaschen zu haben, in die Vagina einführen. Die Scheidenschleimhäute sind sehr empfindlich, und es bestünde eine erhöhte Infektionsgefahr durch die Übertragung von Keimen.
- Sex in der Badewanne ist einer Empfängnis ebenfalls nicht zuträglich. Chlorhaltiges Leitungswasser kann die Spermien schädigen und den pH-Wert in der Vagina ungünstig verändern. Heißes Wasser (über 32 °C) beeinträchtigt darüber hinaus die Spermienproduktion.

Die Missionarsstellung

Die in der westlichen Welt üblichste Stellung beim Geschlechtsverkehr ist die Missionarsstellung. Die Frau liegt auf dem Rücken, der Mann liegt auf ihr oder kniet zwischen ihren Beinen und beide sind einander zugewandt. Diese Stellung ist gut geeignet, um schwanger zu werden, weil der Penis auf diese Weise tief in die Vagina eindringen kann und die Spermien leicht bis zum Muttermund gelangen. Um diese Stellung zu optimieren, kann die Frau ein Kissen unter ihren Po schieben, damit das Becken etwas erhöht liegt. Der Mann sollte den Penis nach dem Orgasmus so lange wie möglich in der Vagina belassen, um zu verhindern, dass die Spermien nach dem Geschlechtsverkehr direkt wieder herausfließen.

Die Löffelchenstellung (Coitus a tergo)

Die Frau liegt auf dem Bauch oder schräg auf der Seite mit einigen Kissen unterm Bauch oder mit leicht angewinkelten Knien, der Mann liegt hinter oder auf ihr und dringt von hinten in die Vagina ein. Diese Stellung ist für alle Frauen gut geeignet, deren Gebärmutter ein wenig nach hinten abgeknickt ist. Bei dieser Position gelangt der Penis besonders tief in die Vagina und das Sperma entsprechend näher an den Muttermund.

Junge oder Mädchen?

Das Geschlecht des Kindes steht vom Augenblick der Befruchtung an fest, abhängig davon, welche Samenzelle die Eizelle befruchtet hat: Von den jeweils 46 Chromosomenpaaren in jeder Körperzelle ist auf einem Chromosomenpaar, den Geschlechtschromosomen (Gonosomen), die Information über das Geschlecht des Menschen gespeichert. Es gibt zwei verschiedene Gonosomentypen, die in Anlehnung an ihr Aussehen als X- bzw. Y-Chromosomen bezeichnet werden.

Die Keimzellen (Samenzelle und Eizelle) tragen nur jeweils einen halben Chromosomensatz von 23 Chromosomen (siehe Die Keimzellen, S. 25): Die Eizelle der Mutter enthält immer 22 Chromosomen und ein X-Chromosom, Samenzellen tragen in ihrem Kern 22 Chromosomen und entweder ein X- oder ein Y-Chromosom.

Bei einem mütterlichen X-Chromosom in Kombination mit einem väterlichen X-Chromosom entsteht ein Mädchen, wohingegen das mütterliche X-Chromosom in Kombination mit einem väterlichen Y-Chromosom einen Jungen ergibt.

Es gibt keine Garantie dafür, wie ein Paar das Geschlecht des Kindes bestimmen kann, allerdings gibt es zahlreiche Untersuchungen zu diesem Thema. X- und Y-Samenzellen besitzen durchaus unterschiedliche Eigenschaften:

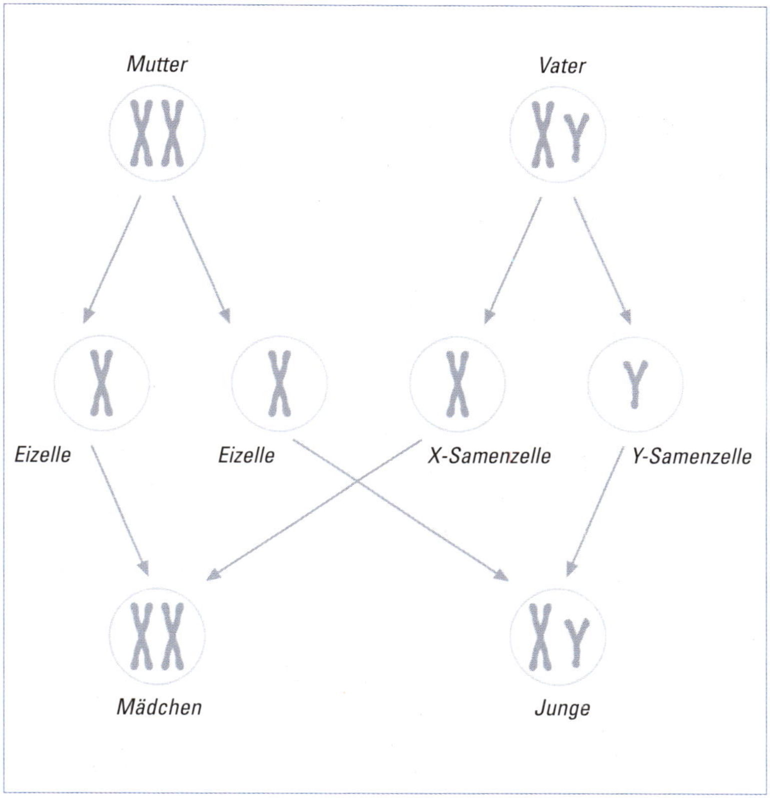

X-Samenzelle	Y-Samenzelle
größer	kleiner
langsamer	schneller
stärker	schwächer
langlebiger	kurzlebiger

Ein X-Chromosom der Frau in Kombination mit einem väterlichen X-Chromosom ergibt ein Mädchen; befruchtet jedoch eine Y-Samenzelle die Eizelle, entsteht ein Junge.

Liebling, ich hab dir ein heißes Bad eingelassen!...
Ich will aber lieber 'nen Sohn! Ich bleib noch 'n bißchen draußen!...
F.B.

Wenn der Tag des Eisprungs bekannt ist und der Geschlechtsverkehr sorgfältig getimt ist, können die Eltern (nach Dr. Landrum Shettles) durchaus Einfluss auf das Geschlecht des Kindes nehmen, das sie zeugen möchten.

Für ein Mädchen

Wünschen die Eltern sich ein Mädchen, sollte der Geschlechtsverkehr ungefähr drei Tage vor der Ovulation stattfinden, weil die X-Samenzellen länger überleben. Nach häufigem Geschlechtsverkehr um den errechneten Termin herum, lassen sich auch verhältnismäßig mehr X-Samenzellen im Ejakulat nachweisen.

Für einen Jungen

Wünschen Sie sich einen Jungen, ist Geschlechtsverkehr am Tag der Ovulation (oder kurz vorher) optimal, da die schnellere Y-Samenzelle das Ei vor der X-Samenzelle erreicht. Zuvor sollte der Mann einige Tage enthaltsam sein, weil dies den Anteil der Y-Samen im Ejakulat erhöht.

Weitere Möglichkeiten, das Geschlecht zu beeinflussen

Auch der pH-Wert der Scheidenflora spielt bei der Bestimmung des Geschlechts eine Rolle. Je saurer die Scheidenflora, umso wahrscheinlicher ist es, dass ein Mädchen gezeugt wird. Die schwächeren Y-Samenzellen können die saure Umgebung nicht so gut vertragen und gehen schneller zugrunde. Wenn die Frau einen Orgasmus bekommt, ist die Scheidenflora basischer. Ein Orgasmus der Frau ist also ein Vorteil für die Y-Samenzellen, ist ein Mädchen gewünscht, sollte die Frau vielleicht eher auf den Orgasmus verzichten.

Ebenso kann die Position beim Geschlechtsverkehr einen Einfluss auf das Geschlecht des Kindes haben: Je tiefer der Penis in die Scheide eindringt, umso näher gelangen die Spermien an die Eizelle. Jetzt kommt es auf das gute Timing an: Wenn Sie zum Zeitpunkt des Eisprungs beim Geschlechtsverkehr dafür sorgen, dass die Spermien möglichst nah an den Muttermund kommen, ist die Wahrscheinlichkeit groß, dass die Y-Samenzellen das Rennen machen und zuerst beim Ei ankommen, denn sie sind schneller. Dr. Shettles empfiehlt für die Zeugung eines Mädchens deshalb die Missionarsstellung, bei der das Ejakulat nicht ganz so tief in die Scheide gelangt, und für die Zeugung eines Jungen die Löffelchenstellung, bei welcher der Mann von hinten ganz tief in die Vagina eindringen kann.

Ein weiterer Faktor für die Bestimmung Junge oder Mädchen ist die Anzahl der Spermien im Ejakulat. Je höher die Spermiendichte, umso wahrscheinlicher wird die Zeugung eines Jungen, so Dr. Shettles. Deshalb sollte der Mann einige Tage vor dem Geschlechtsverkehr keinen Orgasmus haben, wenn die Eltern einen Jungen wollen. Außerdem empfiehlt Shettles Männern in diesem Fall das Tragen von weiter Unterwäsche und bequemen Hosen, um die Spermienproduktion zu optimieren.

Dr. Shettles Ratschläge sind, wenn ein Mädchen gewünscht wird, erfahrungsgemäß zu 70 bis 75 Prozent erfolgreich, und wenn ein Junge gewünscht wird, zu 75 bis 80 Prozent.

Ein heißes Bad kurz vor dem Geschlechtsverkehr macht den Y-Samenzellen zu schaffen – also ein Vorteil für die X-Samenzellen.

Auch an der Universität Münster wird zu diesem Thema geforscht und dortige Wissenschaftler haben herausgefunden, dass im Sommer mehr Jungen als Mädchen gezeugt werden und nach warmen Wintern (neun Monate später) mehr Jungen als Mädchen auf die Welt kommen.

Die wichtigsten Tricks zur Zeugung eines

Mädchen

X-Samenzellen sind größer, stärker, langlebiger, aber langsamer, deshalb

- Geschlechtsverkehr etwa drei Tage vor dem Eisprung,
- beim Geschlechtsverkehr keinen Orgasmus der Frau,
- Missionarsstellung, damit das Ejakulat nicht so tief eindringt,
- heißes Bad des Mannes vor dem Geschlechtsverkehr.

Jungen

Y-Samenzellen sind kleiner, schwächer, kurzlebiger, aber schneller, deshalb

- Geschlechtsverkehr am Tag des Eisprungs oder kurz zuvor,
- Orgasmus der Frau beim Geschlechtsverkehr,
- Löffelchen-Stellung, damit das Ejakulat möglichst tief eindringt,
- Enthaltsamkeit des Mannes einige Tage vor dem Geschlechtsverkehr.

Die fruchtbaren Tage der Frau

Frauen sind nicht jeden Tag fruchtbar, denn ihre Empfängnisbereitschaft ändert sich zyklisch. Durchschnittlich alle vier Wochen reift eine Eizelle heran, löst sich aus dem Eierstock und begibt sich auf den Weg zur Gebärmutter. Nur während dieser Zeit kann diese Eizelle befruchtet werden. Da die Keimzellen eine kurze Überlebensdauer haben, ist die fruchtbare Phase, die Zeit also, in der Sie Kinder zeugen können, begrenzt: Nach dem Eisprung ist die Eizelle nur etwa zwölf Stunden befruchtungsfähig. Samenzellen können im Körper der Frau immerhin bis zu 72 Stunden (selten auch fünf bis sechs Tage) überleben.

Der Zeitraum der Fruchtbarkeit beginnt also maximal fünf bis sechs Tage vor dem Eisprung und ist beendet am Tag nach dem Eisprung.

Der Eisprung selbst findet im Verborgenen, in den Eileitern statt. Wir können allerdings anhand verschiedener Symptome, die mit dem Eisprung einhergehen, diesen recht gut eingrenzen: Einige Frauen spüren den so genannten Mittelschmerz, einen kurzen Schmerz im Unterleib, der durch den Eisprung hervorgerufen wird. Andere beobachten die körperlichen Veränderungen während ihres Zyklus und können so den Eisprung ermitteln. Dies klappt umso zuverlässiger, je länger Sie verschiedene Verfahren ausprobieren und so Ihren Körper kennen lernen. Folgende Merkmale verändern sich im Zusammenhang mit einem Eisprung und lassen sich messen bzw. beobachten:

- die Körpertemperatur,
- der Muttermund,
- die Menge, Konsistenz und Zusammensetzung des Zervixschleims,
- die Zusammensetzung des Speichels,
- die Hormonwerte im Blut und im Urin,
- der CO_2-Gehalt in der ausgeatmeten Luft.

Anhand verschiedener Verfahren lassen sich die fruchtbaren Tage unter Berücksichtigung dieser Symptome bestimmen oder zumindest eingrenzen (siehe ab S. 38).

Sechs Tipps für fruchtbaren Sex

1. Nehmen Sie sich Zeit füreinander.

   Erwarten Sie nicht, schon in den ersten Monaten schwanger zu werden. Durchschnittlich dauert es etwa sechs Monate, bis es bei einem gesunden Paar zu einer gewünschten Schwangerschaft kommt. Verbringen Sie viel Zeit miteinander und setzen Sie sich nicht unter Zeugungsdruck.

2. Verzichten Sie auf künstliche Gleitmittel.

   Gleitmittel können Substanzen beinhalten, die den Spermien abträglich sind. Auch Hilfsmittel wie Spucke, Eiweiß, Salzwasser oder Ähnliches können die Spermienbeweglichkeit beeinträchtigen. Fragen Sie Ihren Arzt um Rat, falls Sie beim Geschlechtsverkehr nicht ohne Gleitmittel auskommen.

3. Übertriebene Reinlichkeit schadet.

   Wenn Sie die Vagina mit Seife waschen, verändern Sie dadurch die Scheidenflora ungünstig, und die Spermien werden in ihrer Bewegungsfähigkeit behindert.

4. Der richtige Zeitpunkt ist entscheidend.

   Wenn Sie zum richtigen Zeitpunkt miteinander Sex haben, erhöht sich die Wahrscheinlichkeit, ein Kind zu zeugen. Der beiliegende Eisprungkalender hilft Ihnen, die fruchtbaren Tage auszurechnen (siehe S. 132).

5. Je häufiger Sie miteinander Sex haben, umso wahrscheinlicher ist eine Schwangerschaft.

   Es kommt nicht nur darauf an, zum richtigen Zeitpunkt einmal miteinander zu schlafen: Je öfter Sie während der fruchtbaren Tage Sex haben, desto höher ist die Chance auf ein Baby.

6. Mädchen oder Junge?

   Wenn Sie etwa drei Tage vor der Ovulation miteinander Sex haben, ist die Wahrscheinlichkeit höher, ein Mädchen zu zeugen. Sex kurz vor oder mit dem Eisprung erhöht die Chancen auf einen Jungen (siehe S. 33).

3. Natürliche Familienplanung

Die natürliche Familienplanung (NFP) ist eine Methode, bei der Sie aufgrund der Veränderung verschiedener Körperzeichen, die sich im Laufe des weiblichen Zyklus zeigen, Ihre fruchtbaren und unfruchtbaren Tage bestimmen können, ohne dabei in unnatürlicher Weise in die Funktion des Körpers einzugreifen. Entscheidende Bedeutung hierbei haben: die Körpertemperatur und der Zervixschleim. NFP ist eine Methode, bei der Sie täglich über Ihren Fruchtbarkeitsstatus informiert sind und dieses Wissen sowohl zur Unterstützung Ihres Kinderwunsches als auch zur Verhütung einsetzen können. Das Wesentliche bei der natürlichen Familienplanung ist, die Tage, an denen eine Befruchtung möglich ist, so genau wie möglich einzugrenzen (siehe Fruchtbare Tage, S. 34).

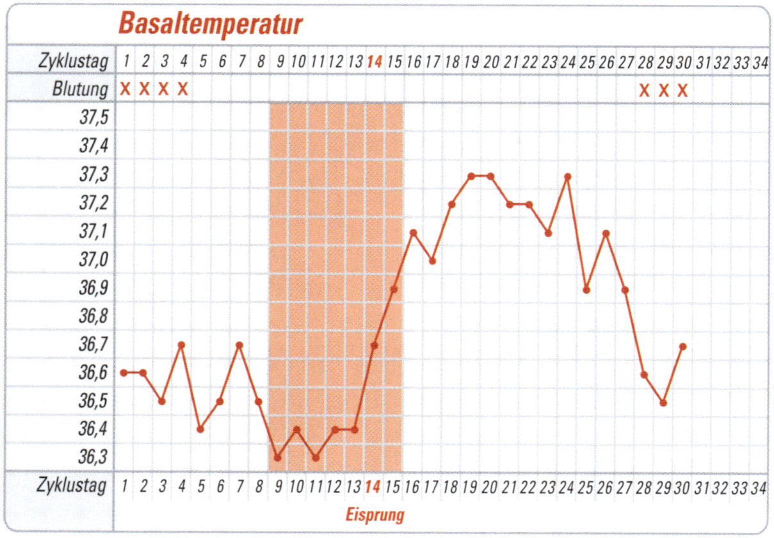

28-Tage-Zyklus mit Eisprung am 14. Zyklustag

Die Beobachtungsmethoden können beliebig kombiniert werden. Beste Erfahrungen sind mit der symptothermalen Methode gemacht worden, einer Kombination aus der Auswertung der Basaltemperatur und Beobachtung von mindestens einer der körperlichen Veränderungen von Zervixschleim, Speichel und Muttermund.

Das Messen der Basaltemperatur

Bei Kinderwunsch, Sterilitätsproblemen und zur Verhütung spielt das regelmäßige Messen der Basaltemperatur eine wichtige Rolle. Die Basaltemperatur ist die Aufwachtemperatur, die unmittelbar nach dem Erwachen, möglichst immer zur gleichen Zeit gemessen wird. Die Basaltemperatur gibt Hinweise auf die Funktion der Eierstöcke, auf das Befruchtungsoptimum sowie die Zeit, in der wahrscheinlich keine Empfängnis stattfinden kann und gegebenenfalls auf das Vorhandensein einer Schwangerschaft.

Charakteristische Temperaturschwankungen

Die Körpertemperatur der Frau zeigt während eines Zyklus einen typischen Verlauf: Zwei Tage nach dem Eisprung zeigt sich ein Temperaturanstieg um etwa 0,4 bis 0,6 °C, der unmittelbar vor der Regelblutung wieder absinkt. Fehlt der Eisprung, bleibt der Temperaturanstieg aus.

Nach jedem Eisprung wird ab der Zyklusmitte das Hormon Progesteron gebildet, das für den

Temperaturanstieg verantwortlich ist. Das Temperaturniveau der ersten Zyklushälfte ist also niedriger als das der zweiten Zyklushälfte nach dem Eisprung. Diesen Verlauf nennt man auch biphasischen Temperaturverlauf. Da das Progesteron nur gebildet werden kann, wenn ein Eisprung vorausgegangen ist, kann der Temperaturanstieg als ein ziemlich sicheres Zeichen für einen Eisprung gewertet werden. Kurz vor Beginn der Menstruation sinkt die Temperatur wieder. Ein bis zwei Tage vor dem Temperaturanstieg kann man häufig einen leichten Temperaturabfall feststellen. Dieses Temperaturtief liegt kurz vor dem Eisprung. Dann steigt die Temperatur treppenartig oder steil an und bleibt bis zur nächsten Menstruation erhöht.

Bleibt das erhöhte Temperaturniveau der zweiten Zyklushälfte mehr als 16 Tage bestehen, liegt mit sehr hoher Wahrscheinlichkeit eine Schwangerschaft vor, da die Progesteronproduktion in der Schwangerschaft fortgesetzt wird. Bleibt das Temperaturniveau während des ganzen Zyklus gleich niedrig, bezeichnet man dies als monophasischen Temperaturverlauf. Wahrscheinlich ist es dann nicht zu einem Eisprung gekommen.

Mit der Temperaturmessung kann man zwar den Zeitpunkt des Eisprungs nicht voraussagen, aber immerhin eine Prognose wagen, wann der nächste Eisprung stattfinden wird. Die Weltgesundheitsorganisation (WHO) hat zwei Kriterien genannt, um von der Basaltemperatur auf einen Eisprung schließen zu können:

- Findet ein Eisprung statt, erfolgt ein Temperaturanstieg innerhalb von 48 Stunden.
- Die Temperatur von drei aufeinander folgen-

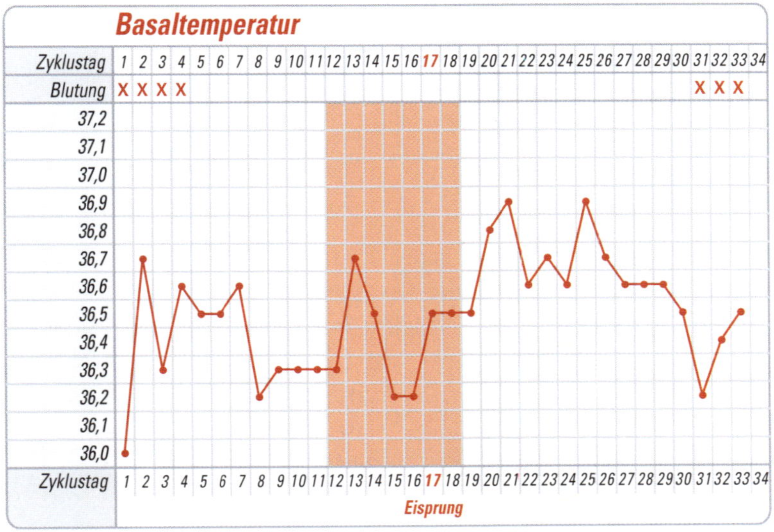

31-Tage-Zyklus mit Eisprung am 17. Zyklustag

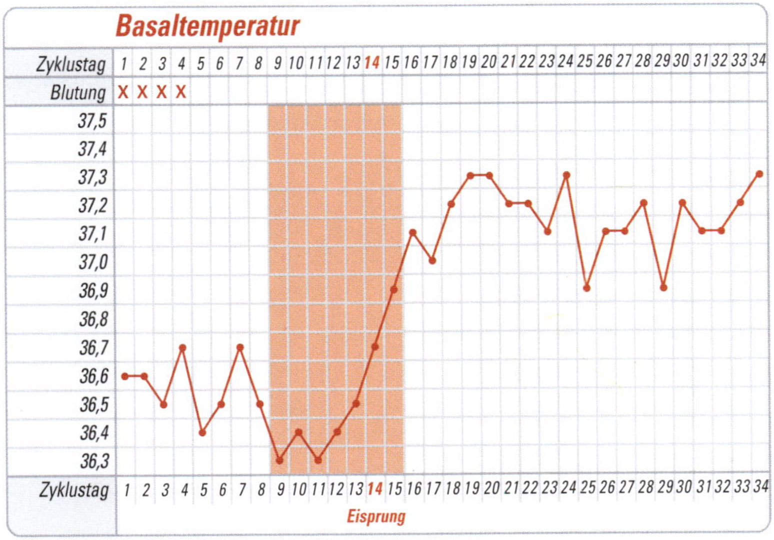

Typische Temperaturkurve bei Schwangerschaft nach Eisprung am 14. Zyklustag

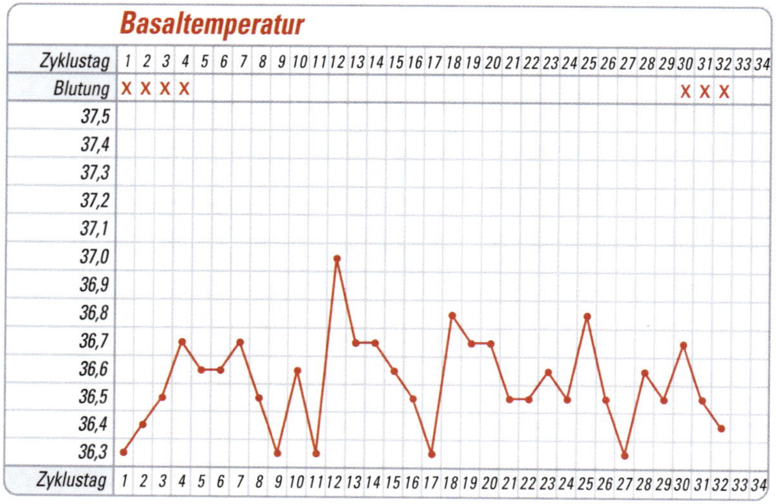

Temperaturverlauf bei einem monophasischen Zyklus

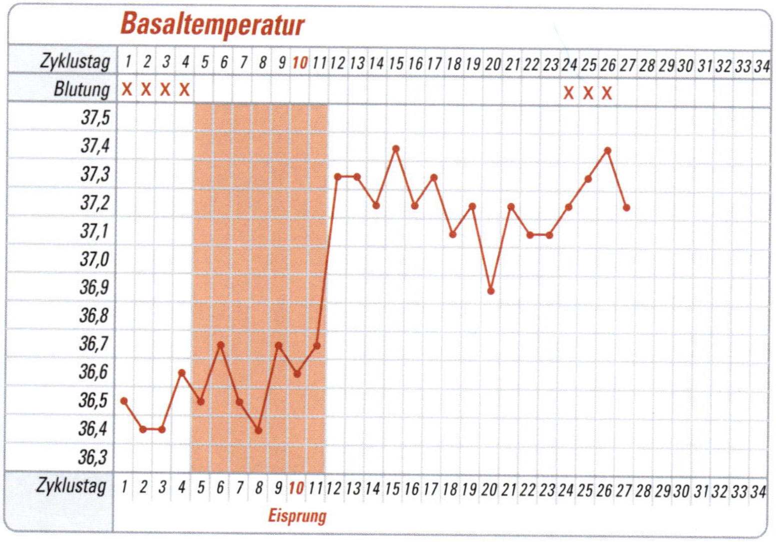

23-Tage-Zyklus mit Eisprung am 10. Zyklustag

den Tagen sollte um mindestens 0,2 °C höher liegen als in den vorherigen sechs Tagen.

Richtig messen

Da sich bei der Temperaturmessung leicht Fehler einschleichen, sollten folgende Hinweise unbedingt beachtet werden:

- Messen Sie die Temperatur immer morgens gleich nach dem Aufwachen, bevor Sie aufstehen.
- Die Messung sollte immer zur selben Zeit durchgeführt werden. Abweichungen von über einer Stunde verfälschen das Ergebnis.
- Messen Sie die Temperatur immer an der selben Stelle, das heißt im Mund oder im Darm. Unter der Achsel ist das Ergebnis zu ungenau.
- Der Messung sollte eine mindestens sechsstündige Schlafphase vorausgegangen sein.
- Schlagen Sie schon abends das Thermometer herunter, denn schon die Anstrengung des Herunterschlagens könnte zu Messfehlern führen.
- Die Messwerte werden in eine Tabelle eingetragen, aber aufgepasst: Ortswechsel und Reisen können die Temperatur verfälschen. Beachten Sie dies bei der Auswertung der Ergebnisse.
- Bei fieberhaften Erkrankungen und leichten Erkältungen sollte mit dem Messen ausgesetzt werden.
- Nach größerem Alkoholkonsum ist die Körpertemperatur verändert, der Messwert am Morgen danach ist für die Auswertung ebenfalls nicht relevant.

- Medikamente, beispielsweise Schlafmittel, Schmerzmittel, Psychopharmaka und hormonhaltige Präparate, können die Temperaturwerte verfälschen.
- Während der Einnahme einer Antibabypille ist das Messen der Basaltemperatur sinnlos.

Messen Sie Ihre Temperatur über einen Zeitraum von mehreren Monaten. So lernen Sie Ihren Zyklus kennen und können immer besser voraussagen, wann Ihre fruchtbaren Tage sind. Ein Kurvenblatt zum Eintragen Ihrer Messergebnisse und Beobachtungen hilft Ihnen dabei (siehe Basaltemperaturkurvenblatt, Anhang S. 131). Falls Sie Probleme bei der Beurteilung und Interpretation der Werte haben, lassen Sie sich von Ihrem Arzt dabei helfen.

Außerdem finden Sie im Internet unter

www.9monate.de/
Basaltemperaturblatt_zum_ausdrucken

eine leere Tabelle zum Ausdrucken sowie einen Service, der Sie bei der Interpretation Ihrer Temperaturkurve unterstützt.

Welches Thermometer ist das Beste?

Ihre Körpertemperatur können Sie wie eh und je mit dem klassischen Fieberthermometer messen. Allerdings bedeutet dies, dass Sie Ihren Wert nach dem Messen notieren müssen.

Inzwischen gibt es im Handel verschiedene digitale Thermometer zur Messung der Basaltemperatur, die Sie zur rechten Zeit wecken und die Messergebnisse abspeichern können. Einige komfortablere Geräte mit eingebauten Mikroprozessoren werten die Messergebnisse sogar aus.

Der Versandhandel Ovula, der im Internet unter www.ovula.de erreichbar ist (Adresse siehe Anhang, S. 144), bietet vom einfachen Quecksilberthermometer bis zum ausgefeilten Zykluscomputer Hilfsmittel bei Kinderwunsch wie auch Verhütungsmittel an.

Die digitalen Zyklusthermometer oder Baby-Computer benötigen zur Auswertung ausreichend Daten: Je länger die Geräte benutzt werden, umso genauer werden deshalb auch die Ergebnisse. Einige erkennen schon nach zwei Zyklen die fruchtbaren und unfruchtbaren Tage, andere benötigen die Daten von mindestens drei Zyklen für eine zuverlässige Voraussage.

Ovula-Thermometer

Das Cyclotest Easy ist ein digitales Thermometer, welches bis zu 99 Werte speichern kann. Die gespeicherten Daten müssen Sie von Hand in ein Kurvenblatt übertragen und selbst auswerten.

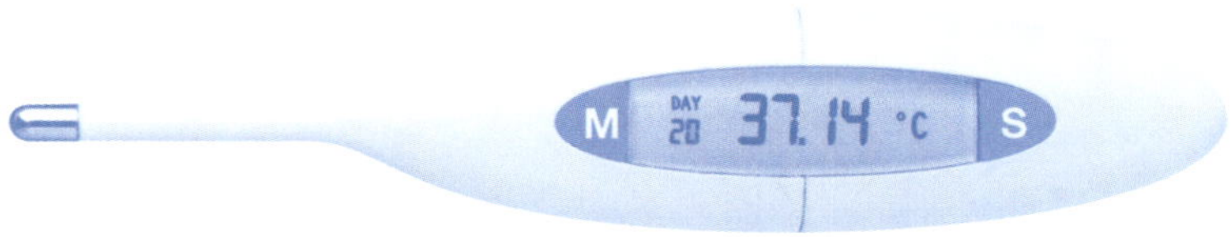

Cyclotest-Easy-Thermometer

Das Bioself kann die Temperatur messen und die Messdaten auswerten: Das rote Licht zeigt die leicht fruchtbaren Tage an, das rotblinkende Licht die hochfruchtbaren Tage und das grüne Licht die Tage, an denen Sie nicht schwanger werden können. Per Telefon können die Daten der Monatszyklen an ein Servicecenter übermittelt werden, von wo Sie diese in Form einer ausgedruckten Temperaturkurve zurückerhalten.

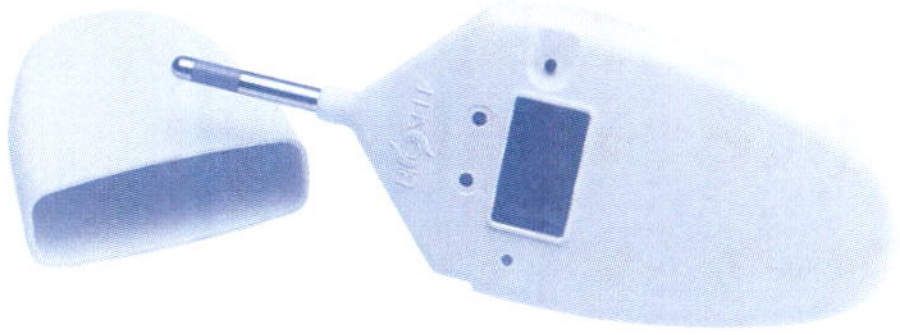

Bioself

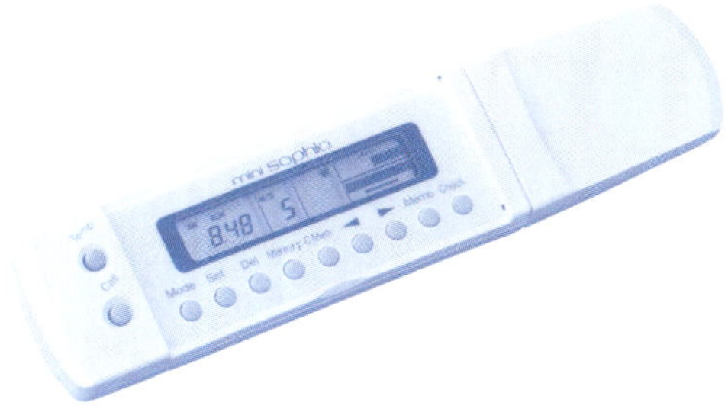

Mini Sophia

Ladycomp und Babycomp

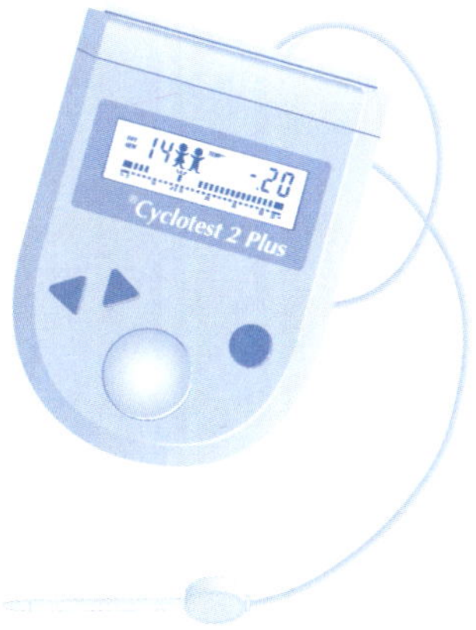

Cyclotest 2 Plus

Mini Sophia kann nicht nur die Basaltemperatur speichern und auswerten, es nimmt zusätzlich auch weitere Informationen auf: Sie können drei verschiedene Zervixschleimqualitäten eingeben sowie Angaben zu Blutungen, Medikamenten und Häufigkeit des Geschlechtsverkehrs machen. All das berücksichtigt Mini Sophia bei der Auswertung und informiert Sie darüber, wann Ihre fruchtbaren Tage sind.

Babycomp und Ladycomp sind zwei Geräte, die gleich aussehen und nach demselben Prinzip funktionieren. Sie geben beide aufgrund der gemessenen Basaltemperatur eine Fruchtbarkeitsprognose für die nächsten sechs Tage ab. Auch hier zeigt das grüne Licht die unfruchtbaren Tage an und das rote Licht die fruchtbaren.

Der Ladycomp ist als Hilfsmittel zur Verhütung konzipiert und wird zur Verhütungssicherheit den fruchtbaren Zeitraum eher ein wenig großzügiger berechnen; der Babycomp ist speziell programmiert für Paare mit Kinderwunsch und berechnet zusätzlich eine Geschlechtsprognose für Ihr Wunschkind. Außerdem gibt er ab dem 15. Tag nach dem Eisprung Informationen über eine eingetretene Schwangerschaft und errechnet den voraussichtlichen Geburtstermin.

Cyclotest 2 Plus misst und wertet, wie die anderen Geräte, die Basaltemperatur aus. Zusätzlich zur Temperaturmethode kann das Gerät allerdings auch Informationen über den Zervixschleim verarbeiten sowie Hormonwerte berücksichtigen, wenn diese manuell eingegeben werden. Entsprechende Urinstreifen, die zusätzlich das luteinisierende Hormon (LH, siehe S. 21) bestimmen, gibt es extra zu kaufen.

Du Kannst dich wieder anzieh'n. Ich hab mich vertan. Der Zervixschleim ist noch nicht optimal!...
F.B.

Die Beobachtung von Zervixschleim und Speichel

Wenn Sie eine Zeit lang die Veränderung des Zervixschleims, des Speichels und des Muttermundes beobachtet und gleichzeitig auch noch Ihre Basaltemperatur gemessen haben, werden Sie aus den Ergebnissen Ihrer Beobachtungen und Messungen deutliche Rückschlüsse auf Ihren Zyklus ziehen können.

Um den Eisprung herum wird der sonst klumpige Zervixschleim (oben) klar, dünnflüssig und spinnbar (unten).

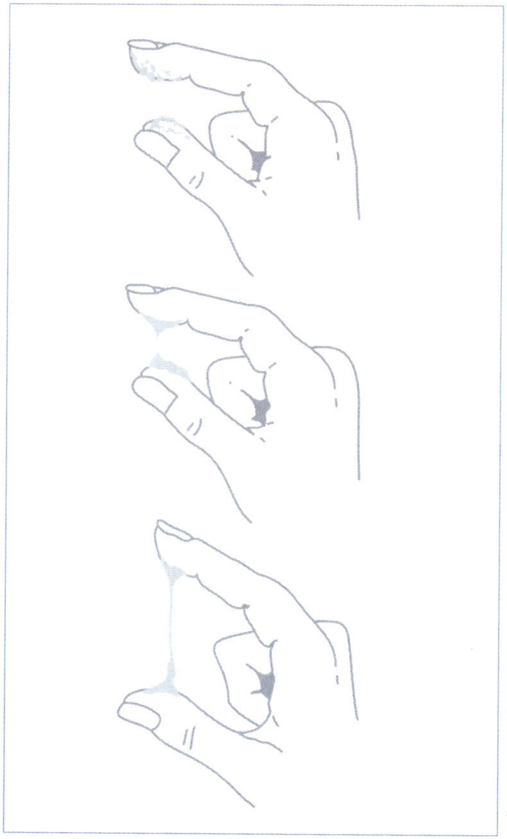

Die Billingsmethode

Der australische Neurologe John Billings fand zu Beginn der fünfziger Jahre heraus, dass sich der Zervixschleim regelmäßig in Abhängigkeit vom weiblichen Zyklus verändert. Anhand seiner Beobachtungen konnte er angeben, wann eine Frau fruchtbar ist und wann sie ungeschützten Geschlechtsverkehr haben kann, ohne schwanger zu werden.

Heute zählt die so genannte Billingsmethode in Kombination mit anderen Beobachtungs- und Messmethoden zu den Standards der natürlichen Empfängnisplanung, nicht zuletzt auch deshalb, weil sie eine von der katholischen Kirche akzeptierte Verhütungsmethode ist.

Für die richtige Interpretation der Veränderungen des Zervixschleims bedarf es ein wenig Erfahrung. Sie sollten über einen längeren Zeitraum hinweg, eventuell in Kombination mit dem Messen der Basaltemperatur, Ihren Zyklus beobachten, um die Symptome auch richtig zu interpretieren.

Die Untersuchung des Zervixschleims

Mit Hilfe eines Papiertaschentuchs oder mit den Fingerspitzen lässt sich feststellen, ob Schleim aus der Scheide austritt und wie er beschaffen ist. Das Spektrum geht von glasklar über farblos, milchig-trüb bis hin zu weiß oder gelblich. Auch Konsistenzunterschiede wie dünnflüssig, zäh oder leicht fädenziehend sind deutlich festzustellen.

An den Tagen direkt nach der Menstruation ist die Vagina meist trocken, und es lässt sich keine oder kaum Schleimabsonderung feststellen. Bis zur Mitte des Zyklus nimmt die Schleimmenge in der Vagina zu. Der Schleim ist zunächst dicklich und wird zunehmend klarer und flüssiger.

Je näher der Eisprung rückt,
- desto mehr Zervixschleim wird gebildet,
- desto flüssiger wird der Zervixschleim,
- desto klarer wird der Zervixschleim,
- desto spinnbarer wird der Zervixschleim,
- desto deutlicher zeigt sich beim getrockneten Zervixschleim die typische Farnstruktur.

Um die Zeit des Eisprungs ist der Höhepunkt der Schleimproduktion erreicht. Der Zervixschleim ist nun glasklar, wie rohes Eiweiß und zwischen zwei Fingern auf über drei Zentimeter spinnbar, also auseinander zu ziehen. Einige Tage nach dem Eisprung nimmt die Schleimmenge wieder deutlich ab, und der Schleim wird häufig klumpiger, seine Fähigkeit, Fäden zu ziehen, lässt nach.

Allerdings sind nicht bei allen Frauen die Veränderungen so deutlich zu sehen. Erst wenn Sie über mehrere Monate Ihren Zervixschleim selbst kontrolliert haben, können Sie Ihren individuellen Rhythmus feststellen.

Mögliche Verfälschungen: Durch die Anwendung chemischer Verhütungsmittel, durch Vaginalzäpfchen oder durch einen Samenerguss in die Scheide kann die natürliche Beschaffenheit des Zervixschleims verändert werden. Diese Umstände müssen Sie bei der Interpretation der Selbstkontrolle unbedingt beachten.

Chemische Veränderungen

Im Laufe eines Zyklus verändert sich auch die chemische Beschaffenheit des Zervixschleims

Die Veränderung des Zervixschleims während des Zyklus

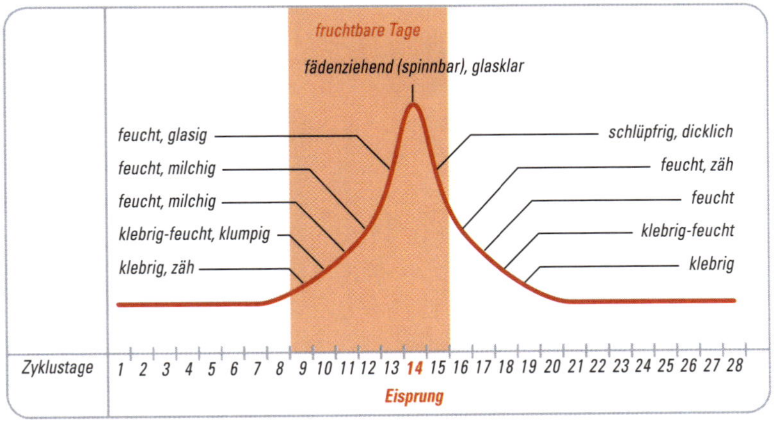

Veränderungen des Zervixschleims			
Phase	**Menge**	**Farbe**	**Konsistenz**
erste Zyklusphase	kein oder kaum Schleim		
vor dem Eisprung	geringe Absonderung von Schleim	milchig-trüb	klumpig, zäh
Eisprung	viel Schleim	durchsichtig, glasklar	dünnflüssig, dehnbar, spinnbar, wie rohes Eiweiß
zweite Zyklusphase	wenig bis kein Schleim		

und des Speichels. Je näher die fruchtbare Phase kommt, desto höher steigt der Östrogenspiegel im Körper, und in allen Schleimhäuten wird salzhaltiges Sekret produziert.

Die chemische Veränderung des Speichels wie auch des Zervixschleims ist deutlich unter dem Mikroskop zu sehen: Trocknet der Speichel bzw. Schleim auf einem Objektträger, kristallisiert das enthaltene Salz und ist als Farn- oder Eiskristallmuster erkennbar. Die typische Farnstruktur zeigt sich nur ein bis zwei Tage vor bis einen Tag nach dem Eisprung. Während der nicht fruchtbaren Tage bleibt der getrocknete Zervixschleim bzw. Speichel konturenlos, weißlich bis gelblich, pappig und klebrig. Auf dem Objektträger sind dann nur unscharfe kieselartige Flecken erkennbar.

Mit einem kleinen Mikroskop, dem PG 53 (unten) ist an den fruchtbaren Tagen die typische Farnstruktur von Zervixschleim und Speichel gut erkennbar.

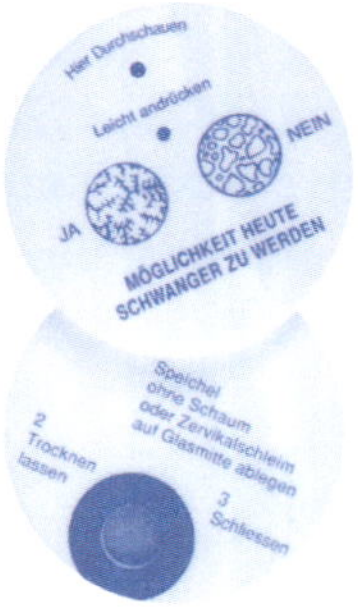

fruchtbar

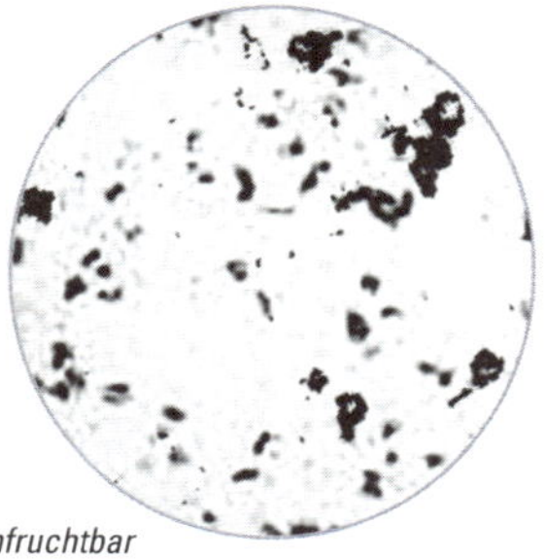

unfruchtbar

Veränderung von Zervixschleim und Speichel

Unfruchtbare Phase:	kieselartige Strukturen nicht definierbarer Art
Übergangsphase:	wenige kristalline Strukturen
Fruchtbare Phase:	deutlich ausgebildete Kristalle (Farnkrautstruktur)

Jede Frau kann diese chemische Veränderung beobachten und daraus Rückschlüsse auf ihren Zyklus gewinnen. Diese Methode ist besonders geeignet, wenn Sie nach dem Absetzen der Pille, nach der Geburt oder Stillzeit wissen wollen, wann und wie sich Ihr normaler Monatszyklus einpendelt.

Aber Vorsicht: Die Einnahme von Medikamenten, welche die Sekretion der Körperflüssigkeiten beeinflussen, kann das Bild von Speichel und Schleim verfälschen.

Mit Hilfe eines Mikroskops können Sie die chemischen Veränderungen des Zervixschleims besser erkennen und analysieren. Seit Mitte der 90er Jahre werden verschiedene kleine Taschenmikroskope angeboten: Einige ähneln in Größe und Form einem Lippenstift, andere haben etwa Scheckkartenformat mit einer Optik, die eine 60- bis 100fache Vergrößerung erlaubt. Die komfortableren Mikroskope besitzen sogar eingebaute Lämpchen.

Vorgehensweise: Speichel oder Zervixschleim auf den sauberen Objektträger auftragen. Ungefähr 5 bis 15 Minuten nachdem das Sekret getrocknet ist, kann es analysiert werden. Je nach Zyklusstand variiert die Menge der kristallinen Östrogene im Speichel, die unter einer Vergrößerung deutlich erkennbar sind.

Der Salzgehalt in Zervixschleim und Speichel

Eine Neuigkeit auf dem amerikanischen Markt ist ein Fruchtbarkeitsanzeiger zur Vorhersage und Prüfung des Eisprungs bei der Frau, der die Veränderungen der Elektrolyte, das heißt des Salzgehaltes des Speichels, misst. Etwa eine Woche vor dem Eisprung, wenn ein Ei für den Eisprung „ausgewählt" wird, erreicht der Östrogenspiegel einen Schwellenwert. Zur selben Zeit verändern andere Hormone die Menge an Mineralstoffen wie Natrium und Kalium, die der Körper speichert oder ausscheidet. Das Gerät zeigt diese messbaren Veränderungen wie auch das Eintreten des Eisprungs an.

Es gibt dabei zwei verschiedene Messmethoden: Entweder halten Sie jeden Morgen einen teelöffelgroßen Sensor auf die Zunge oder Sie messen mit Hilfe einer tampongroßen Vaginalsonde die Elektrolyte in der Vagina und notieren die Zahl, die das Gerät anzeigt. Diese Zahl wird auf das beiliegende Diagramm eingetragen. An diesem Diagramm können Sie fünf bis sieben Tage vor dem Eisprung die Veränderungen der Elektrolyte ablesen und im Nachhinein eine Bestätigung erhalten, dass ein Eisprung stattgefunden hat.

Noch ist das Gerät nicht überall erhältlich, wenn es aber hält, was es verspricht, könnte es eine zuverlässige Hilfe für die Empfängnisplanung und -verhütung werden. Mehr Informationen direkt bei Ovula (Adresse siehe S. 144).

Die Beobachtung des Muttermundes

Durch den Einfluss von Östrogen in der Mitte des Zyklus wird der Muttermund weicher und öffnet sich zur Zeit des Eisprung ein klein wenig. Mit einem Finger, den Sie tief in die Vagina einführen, können Sie den Muttermundrand tasten und mit einiger Erfahrung auch die zyklischen Veränderungen feststellen. Achten Sie dabei auf kurze Fingernägel, um den Muttermund nicht zu verletzen.

Das Messen der Hormonwerte

Um den Zeitpunkt des Eisprungs herum verändert sich vor allem der Gehalt von drei Hormonen sehr deutlich: des luteinisierenden Hormons (LH), von Östrogen und Progesteron.

Sobald der LH-Wert in der Mitte des Zyklus signifikant ansteigt, tritt in der Regel kurz darauf (innerhalb von 16 bis 36 Stunden) die Ovulation ein. Die Dauer der fruchtbaren Zeit wird auf maximal drei Tage vor bis zwei Tage nach dem höchsten gemessenen LH-Wert festgesetzt.

Die Veränderung von FSH- und LH-Gehalt während eines Zyklus.

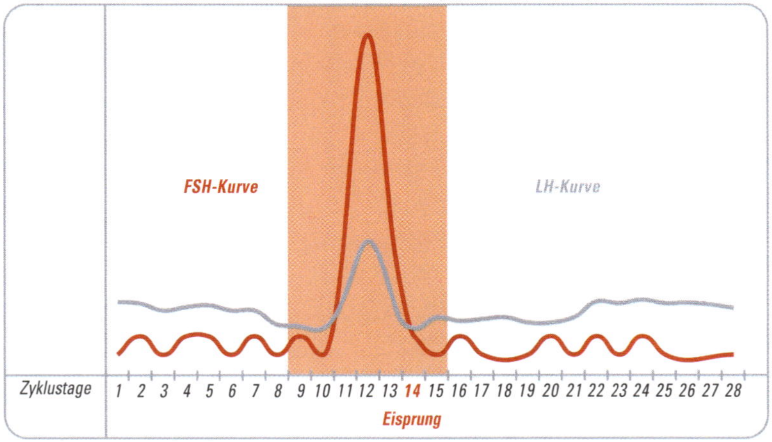

Der Beginn der fruchtbaren Phase ist auch durch einen Konzentrationsanstieg von Östrogen (Östron-3-Glucuronid = E3G) im Urin gekennzeichnet. Der Östrogen-Wert steigt von Beginn des Zyklus konstant an und erreicht seinen Höchstwert im Durchschnitt drei Tage vor dem Eisprung. Die fruchtbare Zeit endet somit etwa vier Tage, nachdem der höchste E3G-Wert erreicht war.

Der rapide Anstieg von Progesteron nach der Ovulation definiert den Beginn der zweiten, unfruchbaren Zyklusphase.

Mit Hilfe solcher Teststäbchen lassen sich die fruchtbaren Tage leicht bestimmen.

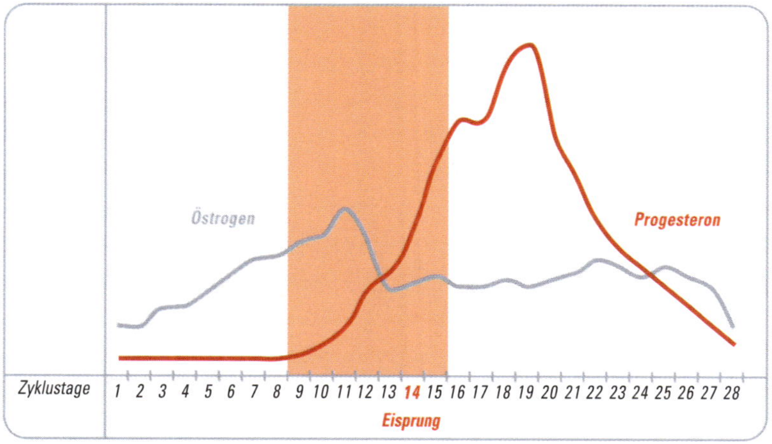

Die Veränderung von Östrogen- und Progesterongehalt während des Zyklus

Hormon-Teststäbchen

Es gibt verschiedene Hormontests, die zu Hause durchgeführt werden können. Anhand von hochsensiblen Messstäbchen lassen sich verschiedene Hormone im Urin nachweisen, die den Beginn und auch das Ende der fruchtbaren Tage anzeigen. Auf den Messstäbchen ist nach der richtigen Anwendung, ähnlich wie bei einem Schwangerschaftstest, ein positives oder negatives Ergebnis abzulesen. Die Teststäbchen können nur einmal verwendet werden.

Einfach zu benutzen sind LH-Eisprungtests. Für die Bestimmung der hochfruchtbaren Tage reicht es, wenn Sie etwa vier Tage vor dem vermuteten Eisprungtermin den Test beginnen. Bei einer durchschnittlichen Zykluslänge von 28 Tagen beginnen Sie mit dem Test am elften Zyklustag, bei einem längeren bzw. kürzeren Zyklus entsprechend später oder früher. Wann Ihr Eisprung voraussichtlich sein wird, können Sie mit beiliegender Eisprungscheibe berechnen (siehe S. 132).

Sie können die LH-Tests zu jeder beliebigen Tageszeit durchführen, allerdings sollte es immer zur selben Zeit sein. Empfohlen wird eine Urinprobe vom späten Nachmittag, da diese die höchste Hormonkonzentration aufweist. Sie halten ein Messstäbchen in den Urinstrahl oder tauchen es für einige Sekunden in ein Glas mit Urin. Innerhalb von zehn Minuten ist das Ergebnis ablesbar.

Abgesehen von den Hormonstäbchen gibt es auch handliche Geräte (Zykluscomputer), welche die Hormonwerte im Urin automatisch auswerten und die fruchtbaren und unfruchtbaren Tage durch Signallämpchen anzeigen.

Was den Hormontest beeinträchtigen kann

- Wenn Sie sehr viel Flüssigkeit zu sich nehmen, ist Ihr Urin verdünnt. Trinken Sie ab vier Stunden vor Durchführung des Testes keine großen Mengen mehr, dies kann die Testergebnisse verfälschen.
- Bestimmte Medikamente haben einen Einfluss auf die Testergebnisse. Fragen Sie Ihren Arzt, ob das Medikament, das Sie einnehmen, die Testergebnisse verändern kann. Bei der Einnahme von Antibiotika, Östrogen, Clomiphen, Psychopharmaka oder der Pille steigt der Wert des luteinisierenden Hormons im Körper. Damit ist unter Einfluss dieser Medikamente der Hormontest auf keinen Fall aussagekräftig.
- Eierstockzysten, die Wechseljahre (Menopause) oder eine Wucherung der Gebärmutterschleimhaut (Endometriose) verändern den Hormonstoffwechsel und können die Testergebnisse beeinflussen.
- Kurz nach einer Entbindung, während der Stillzeit und unmittelbar nachdem hormonelle Verhütungsmittel abgesetzt wurden, können Hormontests keine zuverlässigen Ergebnisse liefern. Warten Sie mindestens zwei regelmäßige Zyklen ab, bis sich Ihr Hormonhaushalt wieder eingespielt hat.

LH-Tests

Die einfachsten Hormontests messen lediglich den LH-Wert im Urin. Es gibt verschiedene Tests auf dem Markt, die sich aber nicht wesentlich unterscheiden: Sie zeigen ein positives Ergebnis an, sobald nach dem ersten signifikanten LH-Anstieg im Urin ein bestimmter Schwellenwert überschritten wird.

Der Anstieg des luteinisierenden Hormons findet in der Mitte des Zyklus statt. Innerhalb von 16 bis 36 Stunden danach tritt in der Regel der Eisprung ein. Da die fruchtbare Zeit auf drei Tage vor bis zwei Tage nach dem höchsten gemessenen LH-Wert begrenzt wird, ist bei Kinderwunsch nun schnell zu handeln: Innerhalb der nächsten 24 Stunden hat Ihre Fruchtbarkeit den Höhepunkt erreicht, und schon etwa drei Tage später ist eine Befruchtung nahezu ausgeschlossen.

LH- und Östrogen-Auswertung

Einige der Zykluscomputer sind in der Lage, sowohl das luteinisierende Hormon als auch das Östrogen im Urin auszuwerten. Diese Geräte sind meist nur etwa so groß wie ein Brillenetui und leicht zu handhaben.

Der Persona-Computer fordert die Benutzerin zu bestimmten Zeiten durch ein gelbes Licht auf, einen Urintest durchzuführen. Eines der Urin-

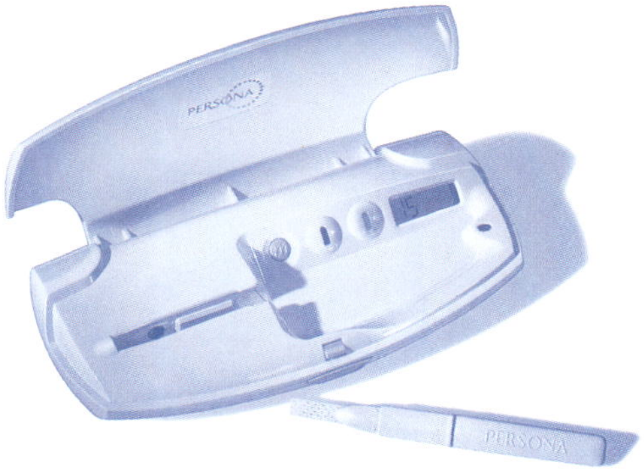

Persona-Computer

Messstäbchen muss in den Urinstrahl gehalten und anschließend in das Gerät eingelegt werden. Nach etwa fünf Minuten wird das Messergebnis für LH und Östrogen angezeigt: Grünes Licht auf der Anzeige gibt die unfruchtbaren Tage an; rotes Licht erscheint an etwa sechs bis zehn Tagen pro Zyklus und zeigt Frauen, die eine Empfängnis verhindern wollen, dass zu diesem Zeitpunkt eine Befruchtung möglich wäre.

Da das Gerät in erster Linie zur Verhütung gedacht ist, wird es, wenn einmal ein Test nicht durchgeführt wurde, eher ein rotes Licht anzeigen, um eine Schwangerschaft sicher zu verhindern. Für die Benutzung im Falle eines Kinderwunsches ist Persona daher nur eingeschränkt zu empfehlen.

Der Clear-Plan-Fertilitätsmonitor, der ebenso wie Persona die Hormone LH und Östrogen auswertet, ist allerdings für den Fall des Kinderwunsches optimiert. Dieses Messgerät ist darauf ausgerichtet, die fruchtbaren Tage so gut wie möglich einzugrenzen. Die Empfindlichkeit der Tests ist ein wenig höher, und das Gerät benötigt mehrere Teststreifen für eine genaue Auswertung. Den Clear-Plan-Fertilitätsmonitor gibt es schon seit einiger Zeit in den USA, hierzulande soll er Mitte 2000 auf den Markt kommen.

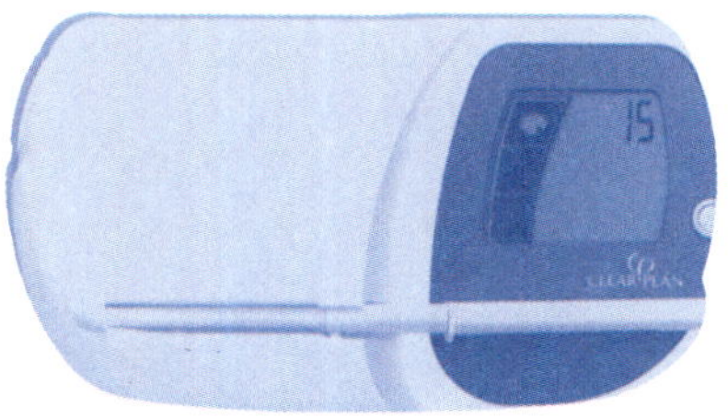

Clear-Plan-Fertilitätsmonitor

Die Kohlendioxidmessung

Auch anhand der Atemluft der Frauen lassen sich die fruchtbaren Tage bestimmen: Bereits vor mehr als 80 Jahren war bekannt, dass sich der Gehalt an Kohlendioxid (CO_2) in der Luft, die eine Frau ausatmet, wie auch in ihrem Blut im Laufe des Zyklus verändert. In der ersten Zyklusphase liegt der CO_2-Wert auf konstant hohem Niveau, wohingegen er unmittelbar vor dem Eisprung innerhalb kurzer Zeit deutlich abfällt und für den Rest des Zyklus bis kurz vor Beginn der Menstruation auf niedrigem Niveau bleibt.

Vorteile der CO_2-Messung

Während bei der Basaltemperaturmessung der Eisprung erst im Nachhinein bestimmt werden kann, wenn die Körpertemperatur angestiegen ist und die fruchtbaren Tage bereits vorüber sind, erlaubt die CO_2-Messung eine relativ sichere Voraussage: Der CO_2-Wert fällt genau dann vor dem Eisprung ab, wenn die Wahrscheinlichkeit für eine Empfängnis ansteigt. Die Genauigkeit der Messwerte aus der Atemluft ist unabhängig von der Tageszeit. Störfaktoren wie Stress oder zuwenig Schlaf haben ebenfalls keinen Einfluss auf die Ergebnisse. An der Universitätsklinik Nürnberg-Erlangen entwickelt Prof. Wildt einen handlichen Messcomputer, mit dem jede Frau sehr einfach den Gehalt von Kohlendioxid in ihrer Atemluft messen kann. Die Geräte werden konzipiert als Ovulationstester und eignen sich daher gleichermaßen zur Empfängisplanung wie auch zur Empfängnisverhütung. Die ersten Geräte zur CO_2- Messung sind bereits in Erprobung.

Keine Empfängnisverhütung mehr!

Bei einem Kinderwunsch sollten Sie frühzeitig sämtliche Empfängnisverhütungsmittel absetzen. Und Sie sollten sich darüber im Klaren sein, dass Sie nach dem Absetzen der Verhütungsmittel sofort schwanger werden können. Allerdings dauert es manchmal einige Zeit, abhängig von der Art der Verhütung, bis der erste Eisprung stattfindet.

Absetzen der Pille

Einige Frauen haben unmittelbar nach Absetzen der Pille einen normalen Zyklus, bei vielen bleibt die Menstruation zunächst aus und sie haben einige Wochen nach Absetzen der Pille den ersten Eisprung. Bei anderen wiederum kann es ein paar Monate dauern, bis sich der Hormonspiegel wieder normalisiert hat, und sich Eisprung und Menstruation wieder rhythmisch einstellen. Also ist schon innerhalb von wenigen Wochen – manchmal sofort – nach Absetzen der Pille eine Schwangerschaft möglich.

Nach dem Absetzen von hormonellen Empfängnisverhütungsmitteln kann es auch zu einer sogenannten Post-Pill-Amenorrhoe kommen: Die Menstruationsblutung wie auch der Eisprung können in den ersten Monaten nach Absetzen der Pille ganz ausbleiben. Falls Sie Ihre Menstruation innerhalb von drei bis vier Monaten nach Absetzen der Pille nicht bekommen haben, sollten Sie Ihren Arzt um Rat fragen.

Wenn Sie einige Monate nach Absetzen der Pille schwanger werden, ohne dass Sie eine Menstruation hatten, wissen Sie wahrscheinlich nicht, wann der Eisprung stattgefunden hat. Das Schwangerschaftsalter kann dann durch Ultraschall festgestellt werden. Falls Sie Anzeichen einer Schwangerschaft haben, sollten Sie einen Schwangerschaftstest durchführen (siehe S. 126 ff.).

Entfernen der Spirale

Bei einem Kinderwunsch sollten Sie rechtzeitig die Spirale entfernen lassen. Sobald die Spirale entfernt ist, kann es schon beim nächsten Eisprung zu einer Schwangerschaft kommen. Einige Ärzte empfehlen allerdings, nach dem Entfernen der Spirale mindestens einen Monat zu warten, bis Sie schwanger werden (also in dieser Zeit nicht ohne Verhütung miteinander zu schlafen), damit sich die Gebärmutterschleimhaut regenerieren kann. Aber auch Schwangerschaften von Frauen, die kurz nach Entfernen der Spirale schwanger geworden sind, verlaufen ohne weitere Auffälligkeiten.

4. Was kann die Fruchtbarkeit beeinflussen?

Fit für die Empfängnis

Sport und Gymnastik in Maßen wirken sich auf die Fruchtbarkeit sehr günstig aus. Allerdings führt starke sportliche Betätigung, insbesonders Leistungssport, häufig zu Hormonstörungen. Unabhängig von der Einnahme von verbotenen und schädigenden Medikamenten werden durch das Training so hohe Mengen an Nährstoffen verbraucht, dass die normale Hormonproduktion gestört werden kann. Dies kann bei Frauen zum Ausbleiben des Eisprungs führen und bei Männern zur Beeinträchtigung der Samenproduktion.

Der gefährliche blaue Dunst

*Das gesamte Ausmaß, das **Rauchen und Passivrauchen** auch auf die Fruchtbarkeit und die Fortpflanzung haben, ist leider noch nicht genügend bekannt.*

Dass Rauchen die Gesundheit schädigt, weiß heute jeder. Zigarettenqualm enthält außer Teer zahlreiche andere giftige Substanzen wie zum Beispiel Arsen, Benzol, Kadmium, Blausäure, Blei und Kohlenmonoxid. Für die Fortpflanzung ist Rauchen eines der übelsten Umweltgifte überhaupt, denn es wirkt sich nicht nur auf die Raucher, sondern auch auf ihre Nachkommen aus.

Rauchen schädigt die Chromosomen in den männlichen und weiblichen Keimzellen. Raucherinnen und Raucher sind deshalb öfter von Unfruchtbarkeit betroffen als gleichaltrige Nichtrauchende, sie müssen länger auf ein Kind warten oder bleiben häufiger kinderlos.

Eine englische Studie hat festgestellt, dass die Leukämierate bei Kindern, deren Väter zum Zeitpunkt der Zeugung Raucher waren, signifikant erhöht ist.

Spätestens zu Beginn einer Schwangerschaft sollten Raucherinnen mit dem Rauchen aufhören. Bereits zehn Zigaretten täglich führen zu einer Unterentwicklung des Kindes im Mutterleib und zu einer deutlichen Erhöhung der Fehl- und Totgeburten. Wenn Schwangere aufhören zu rauchen, tragen sie entscheidend dazu bei,

- das Risiko einer Fehlgeburt zu vermindern,
- die Gefahr einer Frühgeburt um die Hälfte zu reduzieren,
- ihrem Baby eine größere Chance zu geben, normal gewichtig auf die Welt zu kommen,
- das Risiko einer Totgeburt um ein Drittel zu senken.

Die meisten Frauen und Männer kennen die Gefahren für sich und das Kind, können aber dennoch nicht mit dem Rauchen aufhören. Raucher, die aufhören wollen, können sich professionellen Rat holen: Das Rauchertelefon des deutschen Krebsforschungszentrums Heidelberg Tel.: 06221/42 42 00 berät telefonisch alle willigen Aussteiger, das Bremer Institut für Präventionsforschung und Sozialmedizin (BIPS) Tel.: 0421/59 59 60 unterstützt Ärzte mit Informationsmaterial zum Thema und berät alle, die konkrete Fragen zum Rauchen haben.

Ein Gläschen in Ehren ...

Wenn Sie sich ein Kind wünschen, sollten Sie sich dieses Gläschen verwehren. Denn auch Alkohol beeinträchtigt nicht nur die weibliche wie auch die männliche Fruchtbarkeit, sondern auch die Entwicklung des Babys. Da es keine Untersuchungen über eventuelle gefährliche Grenzwerte für die Störung der Keimzellentwicklung gibt, ist es sicherer, zur Zeit der Empfängnis und der Schwangerschaft ganz auf Alkohol zu verzichten.

Alkohol schädigt die Leber und bringt den Hormonhaushalt durcheinander. Regelmäßiger Alkoholgenuss führt zur Verzögerung der Eireifung und zu Zyklusstörungen, er reduziert die Samendichte und erhöht den Anteil missgebildeter Spermien. In Mengen genossen, senkt Alkohol außerdem die Erektionsfähigkeit und dämpft die Lust auf Sex (Libido). Wenn Sie zum Zeitpunkt der Zeugung reichlich Alkohol getrunken haben, ist die Entwicklung des Embryos in besonderem Maße gefährdet.

Alkohol ist heute die häufigste nicht genetische Ursache einer geistigen Entwicklungsverzögerung und gilt als bedeutendster vorgeburtlicher Schadstoff für das Kind. Alkohol wirkt direkt auf das kindliche Gehirn, er beeinträchtigt die Hirnentwicklung und Ausbildung der Organe des Fötus. Jedes Jahr kommen in der Bundesrepublik Deutschland mehrere zehntausend Kinder mit Alkoholschädigungen zur Welt. Vielfach höher jedoch ist die Zahl der Kinder, die – äußerlich unauffällig – mit alkoholbedingten Hirnleistungsschwächen, Lernstörungen und Verhaltensstörungen aufwachsen. Ihre Mütter hatten in der Schwangerschaft gelegentlich oder auch gewohnheitsmäßig Alkohol getrunken.

Medikamente und ihre Nebenwirkungen

Schädliche Nebenwirkungen von Medikamenten sind sowohl für die Fruchtbarkeit als auch für die spätere Entwicklung eines Kindes nachgewiesen. Es gibt allerdings auch zahlreiche Medikamente, die vor und während der Schwangerschaft eingenommen werden können.

Besteht eine chronische Erkrankung und die Notwendigkeit der regelmäßigen Medikamenteneinnahme, hören Sie nicht einfach so auf, die Medikamente einzunehmen, sondern sprechen Sie unbedingt mit dem behandelnden Arzt darüber, welche Medikamente vor und während einer Schwangerschaft für die Fruchtbarkeit und die Entwicklung des Kindes unbedenklich sind sowie ob und wann Sie sie absetzen können.

Wenn ein Kinderwunsch besteht, versuchen Sie, so wenig Medikamente wie möglich zu nehmen: Beide Elternteile sollen schon frühzeitig auf die Einnahme jeglicher Medikamente, die nicht unbedingt notwendig sind, verzichten, denn selbst in einigen nichtverscheibungspflichtigen Medikamenten wie in solchen gegen Pilzbefall (zum Beispiel Candida albicans) sind fruchtbarkeitsschädigende Mittel enthalten.

In schwierigen Fällen kann Ihr Arzt auch Rücksprache mit Frau Professor Peiker von der Klinik für Frauenheilkunde und Geburtshilfe der Friedrich-Schiller-Universität in Jena halten, die auf dieses Gebiet spezialisiert ist und eine differenzierte Risikoberatung anbietet (Adresse siehe Anhang S. 136).

Falls Sie in Unkenntnis Ihrer Schwangerschaft ein Medikament eingenommen haben, das der Frucht schaden könnte, wenden Sie sich bitte an Ihren Arzt.

Vielleicht sollten wir doch lieber umzieh'n, bevor wir ein Baby machen ...
F.B.

Gefährliche Umweltgifte

Umweltgifte vor und während der Schwangerschaft geraten im Zusammenhang mit dem Thema Fruchtbarkeit und Unfruchtbarkeit immer häufiger in die Schlagzeilen.

Besorgnis erregend ist vor allem die Tatsache, dass sich die Spermienqualität in den letzten 15 Jahren ständig verschlechtert hat und viele Paare ungewollt kinderlos bleiben, ohne dass zunächst medizinische Ursachen festgestellt werden können.

Mit Hilfe von Haar-, Urin- und Blutanalysen können Körpergifte nachgewiesen werden. Verbraucherberatungsstellen geben Hinweise und Tipps, was man tun kann, wenn man den Verdacht hat, in der eigenen Wohnung oder am Arbeitsplatz besonders hohen Konzentrationen von Giften ausgesetzt zu sein (weitere Adressen für Ansprechpartner siehe Anhang S.136 ff.).

In Körpergeweben mit hoher Zellteilungsfähigkeit wie den Keimzellen reichern sich bevorzugt Schwermetalle an, wo sie besonders langfristige Schäden hervorrufen. Blei wird für Hormonstörungen und Zyklusunregelmäßigkeiten wie auch für männliche Sterilität verantwortlich gemacht. Frauen, die Früh-, Fehl- und Totgeburten hatten, haben oft eine erhöhte Bleikonzentration im Blut. Blei ist eines der Schwermetalle, die sich auch häufig in Farben und Lacken finden. In den neuen Bundesländern in Deutschland werden immer noch viele Altbauhäuser über Bleirohre mit Trinkwasser versorgt. Erkundigen Sie sich also so genau wie möglich über die Bleibelastung Ihrer Umgebung.

Die Schädlichkeit von Kadmium und Quecksilber ist schon seit langem bekannt. Tierversuche haben gezeigt, dass Kadmium und Quecksilber die Fruchtbarkeit senken. Hohe Mengen Quecksilber verändern den Hormonhaushalt und rufen bei Ungeborenen und Kindern schwerste Hirnschädigungen hervor. In den letzten Jahren entbrannte eine heftige Diskussion über die Schädlichkeit von amalgamhaltigen Zahnfüllungen (einer Mischung aus Quecksilber und anderen Metallen), als Frauenärzte ihre Sterilitätspatientinnen dazu drängten, ihre Amalgamfüllungen entfernen zu lassen. Bei Frauen mit mehr als zehn Amalgamfüllungen können Zyklusstörungen auftreten, die auch durch Hormontherapie nicht zu behandeln sind. Wenn Amalgamplomben entfernt werden, steigt der Quecksilbergehalt im Blut zunächst an. Sorgen Sie dafür, dass gleichzeitig eine sogenannte Ausleitungstherapie gemacht wird, die dem Körper hilft, das Quecksilber besser auszuscheiden. Eine erhöhte Selenzufuhr oder Vitamin C unterstützen den Körper ebenfalls, Quecksilber auszuscheiden.

Lösungsmittel gehören zu den Industriechemikalien, die Hormonstörungen und Unfruchtbarkeit verursachen können. Bei starker Belastung mit Lösungsmitteln ist auch die Fehlgeburtenrate erhöht. Bei Männern mindern Lösungsmittel die Qualität der Spermien. Lösungsmittel findet man unter anderem in Farben, Lacken, Holzschutzmitteln und als Weichmacher in der Zellophan-, Papier- und Desinfektionsmittelherstellung. Klebstoffe, Filzstifte, Seifen, Polituren und Konservierungsmittel enthalten ebenfalls oft Lösungsmittel.

Ärzte raten Paaren mit Kinderwunsch immer häufiger, Schadstofftests durchführen zu lassen, Wohnungen und Häuser zu entgiften und gegebenenfalls sogar den Arbeitsplatz oder Beruf zu wechseln.

Auch die polychlorierten Biphenyle (PCB) und das bei unsachgemäßer Müllverbrennung entstehende Dioxin haben eine sterilisierende Wirkung. Dioxin verhält sich im Körper ähnlich wie weibliche Sexualhormone: Deshalb sinkt durch Dioxine bei Männern die Fruchtbarkeit, bei Frauen kann der Hormonhaushalt gestört werden. PCB beeinträchtigt außerdem die Beweglichkeit der Spermien.

Obgleich die Herstellung von PCB in den USA seit 1978 und in Deutschland seit 1983 verboten ist, trägt es noch immer zu einer schleichenden Verseuchung bei. In Fischmehl und bei küstennah lebenden Fischarten sind die PCB-Konzentrationen am höchsten. Der Mensch nimmt die meisten PCB und Dioxine über tierische Fette auf, während Lebensmittel pflanzlicher Herkunft kaum belastet sind.

Insekten- und Unkrautvernichtungsmittel werden in großen Mengen in der Landwirtschaft eingesetzt. Sie werden nicht nur über die Nahrung, sondern hauptsächlich über die Haut aufgenommen. Aber auch in der eigenen Wohnung ist man vor den giftigen Mitteln nicht geschützt: Viele Teppiche werden vom Hersteller gegen Mottenfraß mit einem PCB-haltigen Pestizid behandelt, im Ausland gekaufte Teppiche sind häufig mit Lindan, einem Insektenschutzmittel, imprägniert. Holzmöbel werden oft schon vor der Verarbeitung mit Holzschutzmitteln behandelt. Fensterrahmen und Deckenverkleidungen aus Holz bekommen einen Feuchteschutz aus pestizidhaltigen Lacken. Selbst Kleidung ist oft mit derartigen Giften belastet. Lederjacken, Baumwoll- oder Seidenblusen werden im Ursprungsland mit Pestiziden behandelt und wegen des Tragekomforts und der Bügelfreiheit unter anderem mit formaldehydhaltigen Mitteln imprägniert.

Krank vom Arbeitsplatz

Wenn Sie schwanger werden möchten, sollten Sie auch an Ihrem Arbeitsplatz darauf achten, dass keine für die Fruchtbarkeit schädlichen Einflüsse auf Sie einwirken.

Die Gefahr bei einem Computerarbeitsplatz geht heute nicht mehr von der Strahlung der Bildschirme aus, sondern eher von der starren und schlechten Haltung und der Unbeweglichkeit, mit der man den Acht-Stunden-Tag vor dem Schreibtisch verbringt. Hier können Sie selbst einen erheblichen Einfluss auf eine gesündere Haltung nehmen. Machen Sie zwischendurch immer wieder Dehn- und Entspannungsübungen. Stehen Sie öfter auf und gehen Sie im Büro auf und ab. Bewegen Sie sich bewusst zumindest nach der Arbeit und bringen Sie Ihren Kreislauf mindestens einmal täglich in Schwung. Körperliche Verkrampfungen können zu allgemeinen Muskelverspannungen führen und die Funktion der weiblichen Geschlechtsorgane beeinträchtigen.

An vielen Arbeitsplätzen ist Rauchen erlaubt. Selbst wenn Sie keine aktive Raucherin sind – spätestens bei einem Kinderwunsch mit dem Rauchen aufhören! – auch passives Rauchen senkt die Fruchtbarkeit und wirkt schädlich auf die Entwicklung Ihres Kindes. Falls Sie keinen Einfluss auf die Rauchgewohnheiten Ihrer Kollegen haben, bitten Sie um einen rauchfreien Arbeitsplatz.

Wenn Sie schwanger sind, gelten die Richtlinien für Arbeitsplätze für Schwangere aus dem Mutterschutzgesetz. Hier finden Sie Bestimmungen über den Arbeitsschutz und Arbeitserleichterungen für schwangere Frauen. Als werdende Mutter haben Sie Anspruch auf einen gesunden Arbeitsplatz, das heißt auf einen nikotinfreien Arbeitsplatz. Das Mutterschutzgesetz können Sie bei Ihrem Arbeitgeber einsehen.

Gesunde Ernährung für ein gesundes Kind

Die Art der Ernährung beeinflusst unser seelisches, aber auch unser körperliches Wohlbefinden. Es ist heute allgemein bekannt, dass viele der Lebensmittel, die wir täglich zu uns nehmen, immer weniger Nährstoffe, dafür aber immer mehr schädliche Zutaten enthalten.
Verarbeiteten Lebensmittel werden oft Zusätze wie Konservierungsstoffe, künstliche Farbstoffe, Geschmacksverstärker, Stabilisatoren und Emulgatoren beigemischt.
Der Nährwert von Lebensmitteln wird außerdem durch mechanische Verarbeitung, zu langes Lagern und nicht zuletzt auch durch Kochen vermindert. Viele Nahrungsmittel weisen zudem erhöhte Schadstoffkonzentrationen auf – unter anderem eine Folge von Überdüngung und Pestiziden in der Landwirtschaft. Synthetische Hormone, die wir zum Beispiel mit Geflügel, Eiern, Fleisch und Trinkwasser aufnehmen, können sich ebenfalls negativ auf unsere Fruchtbarkeit auswirken.

Ein Mangel an Folsäure ist der in Europa und Nordamerika häufigste Vitaminmangel. Folsäure ist ein Vitamin aus der B-Reihe (B_9). Es spielt für die gesunde Entwicklung eines Kindes schon vor der Empfängnis, aber auch während der Schwangerschaft eine bedeutende Rolle.

Folsäuremangel konnte in den vergangenen Jahren eindeutig für fötale Fehlbildungen verantwortlich gemacht werden. Er mindert die Empfängnisbereitschaft und erhöht die Gefahr von Fehlbildungen, insbesondere Neuralrohrdefekten, und Fehlgeburten. Ein kombinierter Mangel an Folsäure und Vitamin B_{12} kann zu Störungen der Eierstockfunktion bis zur Unfruchtbarkeit führen.

Nach heutigen Empfehlungen sollte zur Vorbeugung von Neuralrohrschäden jede Frau, die plant, schwanger zu werden, schon einige Monate vor der Empfängnis mindestens 0,4 mg Folsäure pro Tag (in Tablettenform) einnehmen. Frauen, die bereits ein Kind mit einem Neuralrohrdefekt haben, wird sogar 1 mg Folsäure täglich empfohlen. Diese Vitaminergänzung sollte bis zum Ende des dritten Schwangerschaftsmonats fortgesetzt werden.

Folsäure kommt in Vollkornprodukten, Gemüsen und Milchprodukten sowie in einigen Obstsorten wie Erdbeeren, Kirschen, Trauben und Orangen vor und ist licht- und hitzeempfindlich. Entsprechende Nahrung muss also schonend zubereitet werden, da sonst der Folsäuregehalt auf einen minimalen Bruchteil absinken kann – die beste Garmethode ist das Dämpfen in wenig Wasser. Essen Sie Ihre Lebensmittel frisch, durch Lagerung ohne ausreichende Kühlung sinkt der Folsäuregehalt ebenfalls.

Sie können mit Ihrer Ernährung dazu beitragen, die optimalen Voraussetzungen für ein gesundes Baby zu schaffen. Kümmern Sie sich mindestens ein halbes Jahr vor der Empfängnis um eine gesunde Lebensführung und ernähren Sie sich ausgewogen und bewusst: Achten Sie auf unbelastete Speisen, die alle wichtigen Nährstoffe, Vitamine, Mineralien und Spurenelemente enthalten.

EISEN
ZINK
SELEN
JOD
BIOTIN
VITA MIN A
VITA MIN E
VITAMIN B
VITA MIN C
HEFE
FOL SÄURE
VITA D
VITAMIN B12
ELAS TIN
ORGAS MIN
GIN SENG
EISEN KRAUT
ENGEL WURZ
F.B.

Jod braucht unser Körper für die Produktion von Schilddrüsenhormonen, deren Mangel die Stoffwechsel- und Hormonfunktion im ganzen Körper beeinträchtigt. Da bei vielen Menschen im Inland, also auch in den meisten Regionen Deutschlands, Österreichs oder der Schweiz, ein Jodmangel festzustellen ist, wird allen Frauen in der Schwangerschaft, sofern keine Schilddrüsenerkrankung vorliegen, eine Jodprophylaxe mit 200 mg Jod täglich empfohlen.

Koffein stört die Fruchtbarkeit. In Maßen sind Kaffee und schwarzer Tee erlaubt, wohingegen schon mehr als drei Tassen täglich zu Hormonstörungen führen können und somit die Fruchtbarkeit beeinträchtigen. Frauen, die mehr als etwa drei Tassen Kaffee oder Tee pro Tag trinken, brauchen dreimal so lange, um schwanger zu werden, als Frauen, die weder Kaffee noch Tee trinken. Steigen Sie um auf Kräutertee oder koffeinfreien Kaffee, und wenn Sie Probleme haben, morgens wach zu werden, duschen Sie lieber kalt.

Fehlt dem Körper Selen, ist die Eizellreifung bei Frauen beeinträchtigt: Da Selen auch in den Kernen der Spermien nachgewiesen wurde, wird vermutet, dass es für die Erbsubstanz eine Rolle spielt. Selen befindet sich normalerweise in den Ackerböden und gelangt so über die Nahrungskette in den menschlichen Körper. Da aber auf vielen Äckern das Selen aus dem Boden ausgewaschen wurde, wird in Finnland, Neuseeland und den USA Selen dem Dünger beigemischt. Hierzulande wird Selen dem Schweinefutter beigemengt, weil auch sie Selen-Mangelerscheinungen zeigen, und gelangt so über das Fleisch zum Menschen. Weitere Selenquellen sind vor allem Fisch und andere Meerestiere sowie Rindfleisch und Geflügel, insbesondere Innereien und Eier.

Ein Mangel an Zink stört die Funktion der Keimdrüsen und kann somit Ursache für eine Störung des gesamten Sexualhormonhaushaltes sein. Zink ist Bestandteil des männlichen Samens und erhöht die Produktion des Hormons Testosteron in den Hoden. Zink unterstützt auch die Spermienproduktion und macht die Samen beweglicher. Ohne Zink wird die Zellteilung gebremst, was insbesondere deshalb bei Männern zu Fortpflanzungsstörungen führen kann.

Zinkmangel tritt relativ häufig bei Frauen auf, die die Pille nehmen. Wenn Sie die Pille also gerade erst abgesetzt haben, sollten Sie auf eine ausreichende Versorgung mit Zink achten, das im Körper nicht gespeichert wird, sondern täglich neu aufgenommen werden muss. Zink ist zum Beispiel in Austern, Rindfleisch, Lammfleisch, Erbsen, Eiern, Tee und Käse, Getreide und Nüssen enthalten.

Bei unzureichender Vitamin-E-Zufuhr kann es neben anderen Stoffwechselstörungen auch zu Fruchtbarkeitsstörungen kommen. Vitamin E findet sich reichlich in Pflanzenölen (besonders Weizenkeimöl, Sonnenblumenöl und Distelöl), in Nüssen, Fisch, Vollkornprodukten und Müsli.

Eine ausreichende Versorgung mit Vitaminen verbessert die Chancen, schwanger zu werden.

Vitamin B hilft bei der Verdauung, hält Magen und Darm gesund, sorgt für einen ausgeglichenen Stoffwechsel und ist ebenfalls wichtig für die Fruchtbarkeit. Vitamin B befindet sich in Fleisch, Fisch, Milchprodukten, Getreidekörnern und Nüssen. Zu der Gruppe der B-Vitamine gehört auch

Biotin. Ein Biotinmangel äußert sich unter anderem in Fortpflanzungsstörungen. Biotin ist außer in Milch auch in Leber, Bierhefe, Sojamehl und -bohnen, Eigelb, Wal- und Erdnüssen, Mandeln, Sardinen, Krabben, Pilzen, Naturreis, Vollkorngetreide, Spinat, Karotten, Tomaten, Blumenkohl, Schinken und Hüttenkäse enthalten.

Ein nicht seltener Mangel an Vitamin C (Ascorbinsäure) kann die Ursache für eine schlechte Samenqualität des Mannes sein. Vitamin C ist vor allem in Zitrusfrüchten, frischem Obst, rotem, grünem und gelbem Gemüse enthalten.

Gewichtige Grundlagen für die Fruchtbarkeit

Extreme Abweichungen des Körpergewichts nach unten wie nach oben können auch zu Störungen der hormonellen Zyklusregulation führen. Unterhalb eines bestimmten Körpergewichts - etwa 45 kg - bleiben bei der Frau Ovulation und Menstruation aus. Diese Grenze gilt seltsamerweise für alle Frauen, unabhängig von Größe und Körperbau. Auch ein extremes Übergewicht kann mit Unfruchtbarkeit verbunden sein. Bei Frauen kann es dann zu Problemen bei der Eireifung, bei Männern zu verminderter Samenproduktion kommen.

Wenn das Körpergewicht einigermaßen normalisiert ist, spielen sich die Reproduktionsvorgänge allerdings meist wieder ganz von selbst ein.

Wenn Sie übergewichtig sind, versuchen Sie, sich einige Monate vor Eintritt einer Schwangerschaft Ihrem Normalgewicht zu nähern. Nicht nur während, auch vor einer Schwangerschaft braucht der Körper eine ausgewogene und ausgeglichene Ernährung. Eine Diät in der Phase, in der Sie ein Kind wünschen und während der Schwangerschaft, ist nur in Absprache mit dem Arzt sinnvoll und sollte auch nur mit seiner Betreuung durchgeführt werden.

Ihr Body-Mass-Index

Wollen Sie wissen, ob Sie über- oder untergewichtig sind? Mithilfe des Body-Mass-Index (BMI) können Sie in Abhängigkeit von Ihrer Körpergröße einen Richtwert zur Orientierung errechnen:

$$\text{BMI} = \frac{\text{Gewicht in kg}}{\text{Körpergröße in m zum Quadrat}}$$

Als wünschenswerte BMI-Werte in Abhängigkeit vom Alter gelten:

Alter in Jahren	BMI in kg/m²
19-24	19-20
25-34	20-25
35-44	21-26
45-54	22-27
55-65	23-28

Der Body-Mass-Index gilt für Frauen wie für Männer. Ein BMI von weniger als 17 gilt als Grenzwert zum Untergewicht, BMI-Werte oberhalb der oben angegebenen Schwankungsbreite bedeuten Übergewicht.

Ich muß mir noch 'ne letzte Dosis Fast-Food reinhau'n, bevor ich mein Schwangerschaftsprojekt starte...
HOT DOG 4.20
REIBE KUCHEN 6.-
HAMBURGER EXTRA FETT 4.90
THÜRINGER BRATWURST 3,70
FRIKADELLE 2.50
MAYO
KETCHUP
F.B.

Wirksame Kräuter für die Fruchtbarkeit

Auch wenn nicht immer wissenschaftlich einwandfrei nachgewiesen werden kann, weshalb Heilkräuter im Einzelnen helfen, zählen etwa 85 Prozent der Weltbevölkerung – Fachleute wie Laien – Heilkräuter zu den wichtigsten Bestandteilen der medizinischen Therapie. Die moderne Kräuterheilkunde vereint traditionelles Wissen mit den Erkenntnissen der Biochemie und Pharmazie.

Trotz ungesunder Ernährung, Umweltverschmutzung, Stress und Anspannung ist unser Körper meist in der Lage, ein Gleichgewicht herzustellen und zur Fortpflanzung bereit. Aber wo die Selbstheilungskräfte nicht mehr funktionieren, können Heilkräuter eine Gesundung unterstützen. Auch wenn es die meisten Heilkräuter rezeptfrei in der Apotheke zu kaufen gibt, ist streng auf die Dosierung zu achten, denn die Wirkung einiger Kräuter entspricht durchaus der Wirkung von chemischen Medikamenten.

Da der psychosomatische Einfluss von Stress auf die Fruchtbarkeit bekannt ist, empfiehlt sich dann oftmals die Einnahme solcher Kräuter, die Sie beim Wiederherstellen Ihres seelischen Gleichgewichts unterstützen und Ihr Körpersystem allgemein stärken. Bei Schwäche, Erschöpfung und Stress helfen zum Beispiel Zitronenmelisse, Zimt, wilder Hafer und Helmkraut.

Es gibt zahlreiche verschiedene Kräuter- und Kräutermischungen, die bei Fruchtbarkeitsstörungen empfohlen werden. Im Folgenden sind einige Teekräuter aufgeführt, die einen positiven Einfluss auf die Fruchtbarkeit haben:

Frauenmantel *(Alchemillae herba)*
Der Frauenmantel hat sich als Heilpflanze vor allem in der Frauenheilkunde bewährt: Er reguliert den Zyklus und stimuliert die Gebärmutter. Außerdem wird Frauenmantel eingesetzt bei Menstruations- und Wechseljahresbeschwerden.
Teezubereitung: 1 bis 2 g Frauenmantel werden mit heißem Wasser übergossen, zehn Minuten ziehen gelassen und anschließend durch ein Sieb gegeben. Auch das Ansetzen mit kaltem Wasser und mehrstündiges Ziehenlassen bei Raumtemperatur wird empfohlen. Ein bis zwei Tassen täglich trinken.

Gänsefingerkraut *(Potentillae anserinae herba)*
Gänsefingerkraut vermindert Menstruationsbeschwerden und wirkt regulierend auf den weiblichen Zyklus.
Teezubereitung: 2 g fein zerschnittenes Gänsefingerkraut mit kochendem Wasser übergießen und nach zehn Minuten abseihen. Zwei Tassen täglich trinken.

Ginsengwurzel *(Panacis ginsengi radix)*
Ginseng wirkt gut bei Schwäche, Erschöpfung sowie Stresssymptomen und dient zur Stärkung des Fortpflanzungssystems.
Teezubereitung: 3 g fein geschnittene Ginsengwurzel mit kochendem Wasser übergießen und fünf bis zehn Minuten lang bedeckt stehen lassen, dann durch ein Teesieb geben. Die Einnahme soll ein- bis dreimal täglich über drei bis vier Wochen erfolgen. Ginsengwurzel wird auch in Form sofort löslicher Tees in Beuteln angeboten.

Himbeerblätter *(Rubi idaei folium)*
Himbeerblätter wirken bei Menstruationsstörungen hormonregulierend, stärken die Gebärmutter- und Beckenmuskulatur.
Teezubereitung: 1,5 g fein zerschnittene Himbeerblätter werden mit kochendem Wasser übergossen und nach fünf Minuten durch ein Teesieb gegeben. Zwei Tassen täglich trinken.

Hirtentäschelkraut
(Capsellae bursae pastoris herba)
Die bekannteste Heilwirkung ist die blutstillende Wirkung des Hirtentäschelkrauts. Daher wird nach Geburten auch gern Hirtentäscheltee getrunken, um die Nachblutungen zu minimieren. Es wird darüber hinaus eingesetzt zur Förderung der Wehen und gegen Menstruationsstörungen.
Teezubereitung: 3 bis 5 g fein zerschnittenes Hirtentäschelkraut mit kochendem Wasser übergießen und nach zehn bis fünfzehn Minuten durch ein Teesieb geben. Ein bis zwei Tassen täglich trinken.

Ingwer *(Zingiberis rhizoma)*
Ingwer wirkt kreislaufanregend, entzündungshemmend und krampflösend. Er hilft bei verzögerter Menstruationsblutung, lindert Schmerzen beim Eisprung und stärkt die Fortpflanzungsorgane.
Ingwer kann als Gewürz oder als Zusatz zum Aromatisieren von Getränken und Speisen verwendet werden.

Mönchspfeffer oder Keuschlamm
(Vitex agnus-castus)
Mönchspfeffer ist Bestandteil zahlreicher Medikamente, die zur Zyklusregulierung verschrieben werden. Es reguliert die Produktion des follikelstimulierenden Hormons (FSH) und des luteinisierenden Hormons (LH) und wirkt so normalisierend auf den weiblichen Hormonhaushalt. Mönchspfeffer unterstützt auch den Gelbkörper bei der Hormonproduktion in der zweiten Zyklushälfte, hilft bei Menstruationsbeschwerden und stellt das Hormongleichgewicht nach Absetzen der Pille wieder her.
Die Einnahme von Mönchspfefferpräparaten sollten Sie mit Ihrem Arzt absprechen.

Pestwurzblätter *(Petasitidis folium)*
Pestwurzelblätter helfen zur Entspannung und Beruhigung und bei Menstruationsstörungen.
Teezubereitung: 1,2 bis 2 g geschnittene Pestwurzblätter mit kochendem Wasser übergießen und nach fünf bis zehn Minuten abseihen. Zwei bis drei Mal täglich eine Tasse Tee trinken.

Schneeballbaum *(Viburnum prunifolium)*
Die Wurzelrinde des Schneeballbaums verbessert die Durchblutung der Gebärmutter und der Eierstöcke und versorgt so den Beckenraum mit Nährstoffen.
Teezubereitung: 1g fein geschnittene Rinde wird mit kochendem Wasser übergossen und nach zehn Minuten durch ein Teesieb gegeben. Zwei bis drei Mal täglich eine Tasse Tee trinken.

Entspannung vom Stress

Versuchen Sie, Ihren Kinderwunsch wertzuschätzen und Situationen zu schaffen, in denen Sie sich mit Ihrem Partner entspannen und auf den Sex freuen können.

Die Lebensweise hat einen erheblichen Einfluss darauf, ob und wie schnell ein Paar schwanger wird. Wenn Sie oder Ihr Partner viel arbeiten, abgespannt und müde nach Hause kommen und unter dem Druck stehen, nach dem Kalender ein Kind zu zeugen, wird dies der Fruchtbarkeit neben körperlichen und umweltbedingten Faktoren abträglich sein.

Unter Anspannung ändert der Körper seine Hormonproduktion: Zum Beispiel wird das Stresshormon Adrenalin, das sich negativ auf die Sexualhormone auswirkt, vermehrt gebildet. In extremen Stresssituationen gerät der weibliche Zyklus derart durcheinander, dass der Eisprung ganz ausbleibt. Beim Mann wird unter Stressbedingungen nachweislich die Samenbildung beeinträchtigt.

Paaren mit Kinderwunsch fällt es oft schwer zu akzeptieren, dass sie kein medizinisches, sondern ein seelisches Problem haben. Nur etwa jedes zehnte Paar nimmt eine psychologische Beratung in Anspruch. Oftmals hilft es auch schon, wenn Paare offen über ihre Hoffnungen und Probleme sprechen können. In den vergangenen Jahren haben sich zunehmend mehr Kinderwunsch-Selbsthilfegruppen gegründet, in denen solche Gespräche möglich sind (Adressen siehe Anhang S. 144).

Luna-Yoga

Luna-Yoga ist eine Mischung aus Yoga, Atem- und Entspannungsübungen sowie Fruchtbarkeitstänzen. Die Wurzeln dieser Körpertherapie liegen im traditionellen indischen Yoga. Von dort stammen die meisten Spür- und Atemübungen, die alle das Ziel haben, eine Rhythmisierung der Körperströme zu erreichen. Luna-Yoga stimuliert die Keimdrüsen, stärkt die Beckenorgane und regt den Hormonstoffwechsel an.

Seit 1974 ist diese besondere Art des Yoga auch hierzulande bekannt. Als wirksame Fruchtbarkeitsgymnastik wird sie ständig weiterentwickelt und inzwischen durch andere, nichtgymnastische Elemente wie Moorbäder, Fußreflexzonenmassage, Kräutertees, Aromatherapie und Meditationen ergänzt.

Luna-Yoga wirkt nur, wenn Sie es richtig erlernen und regelmäßig anwenden. In vielen Großstädten finden Sie Luna-Yoga-Gruppen und auch im Angebot zahlreicher Volkshochschulen.

Feng Shui

Feng Shui kommt aus dem Chinesischen und heißt übersetzt „Wind und Wasser". Feng Shui ist die Kunst, mit der sichtbaren und unsichtbaren Umgebung in Harmonie zu leben. Um Harmonie herzustellen, muss bei Feng Shui alles an seinem richtigen Platz sein, damit alle Energien des Lebens ins Gleichgewicht kommen und frei fließen können.

Feng Shui verbreitet sich mittlerweile auch in der westlichen Welt immer stärker: Architekten, Gartengestalter und Hausbesitzer richten sich bei Bau und Einrichtung immer öfter nach dieser Philosophie. Die Berücksichtigung von energetischen Prinzipien bei der Gestaltung einer Wohnung kann durchaus auch Einfluss auf die Fruchtbarkeit haben. Ein Ratschlag aus dem Feng Shui:

„Sie werden leichter schwanger, wenn Sie 27 Nächte mit dem Kopf in Richtung Nordosten liegend schlafen."

Ayurveda

Die Blütezeit der Ayurveda-Heilkunde liegt etwa 3000 Jahre zurück. Ernährung und Lebensweise spielen nach der alten indischen Heiltradition eine übergeordnete Rolle nicht nur für die Gesundheit, sondern auch für die gesunde Fortpflanzung.

In verschiedenen ayurvedischen Zentren werden unter ärztlicher Aufsicht besondere Körperreinigungen angeboten, welche die Fruchtbarkeit fördern. Bei Fruchtbarkeitsstörungen wird eine Zehn-Tage-Kur zur Reinigung des Verdauungssystems empfohlen, die den Körper von Umweltgiften und schädlichen geistigen Einflüssen reinigt. Die Entschlackungsbehandlung besteht aus innerlichen und äußerlichen Anwendungen zur Lösung von Giftstoffen und wird durch Kräuterdampfbäder und heiße Kompressen sowie durch Meditation unterstützt.

Die Deutsche Gesellschaft für Ayurveda (Adresse siehe Anhang S. 144) kann Ihnen Anschriften von ayurvedischen Kliniken und Ärzten mitteilen.

Homöopathie

Auch mit hilfe der Homöopathie lassen sich die natürlichen Selbstheilungskräfte des Körpers unterstützen. Im Verständnis der Homöopathie sind Krankheitssymptome Ausdruck eines körperlichen und/oder seelischen Ungleichgewichtes.

Im Mittelpunkt der homöopathischen Medizin steht der Mensch und nicht die Krankheit. Für die homöopathische Arzneimittelfindung ist es daher wichtig, den Menschen und seine Problematik ganzheitlich zu erfassen. In einer ausführlichen Anamnese der erkrankten Person werden neben ihren sämtlichen körperlichen Beschwerden auch ihre Lebensgewohnheiten, Träume, Ängste und Gefühle berücksichtigt.

Das höchste Ziel der Homöopathie ist die Wiederherstellung der inneren Harmonie, durch die sich subjektives Wohlbefinden und körperliches Gleichgewicht wieder einstellen.

Die Erfolgsraten der Homöopathie bei Hormon- und Fruchtbarkeitsstörungen sind vergleichbar mit denen der schulmedizinischen Hormontherapie. Homöopathische Therapien erzielen gute Erfolge unter anderem bei hormonellen Störungen bei jungen Frauen, verzögertem oder fehlendem Eisprung, Gelbkörperschwäche und Endometriose. Die Universitäts-Frauenklinik in Heidelberg hat sich auf die homöopathische Therapie von Fruchtbarkeitsstörungen spezialisiert (Adresse siehe Anhang S.141).

Akupunktur

Die Akupunktur ist eine seit Jahrtausenden bekannte chinesische Heilmethode unter anderem zur Harmonisierung des Körpers. Mit in die Haut gesetzten feinen Nadeln werden sensorische Reize auf bestimmte Hautpunkte ausgeübt, die regulierend auf entsprechende Organfunktionen einwirken.

Ohr- und Körperakupunktur wird sowohl bei Frauen mit Hormon- und Zyklusstörungen als

... Ayurveda gemacht, Heilkräuter genommen, das Bett nach Feng Shui aufgestellt, das Raumaroma stimmt. Jetzt kann mit der Lunazeption nichts mehr schiefgeh'n!
Aber ich kann bei Mondlicht nicht schlafen! Und das schadet meinen Samenfäden!
F.B.

auch bei Männern mit gestörter Samenproduktion erfolgreich angewendet. Die Erfolgsraten von Akupunktur bei Hormonstörungen sind ebenfalls durchaus vergleichbar mit denen der schulmedizinischen Hormontherapie.

Neben der Akupunktur gibt es eine Reihe von weiteren, der Akupunktur eng verwandten und daraus abgeleiteten erfolgreichen Verfahren, die mit Wärme, Druck, Licht oder Elektrizität bestimmte Hautpunkte reizen. Heute wird in vielen naturheilkundlich orientierten Arztpraxen auch Akupunktur angeboten.

Zu alt für ein Kind?

Ausbildung und Karriere, finanzielle Sicherheit und Unabhängigkeit haben inzwischen für viele Frauen und Männer einen hohen Stellenwert in der Partnerschaft. Die Entscheidung für oder gegen ein Kind wird entsprechend häufig dank moderner Verhütungsmethoden ganz bewusst getroffen. Dennoch sind der Entscheidungsfreiheit Grenzen gesetzt, denn die biologische Uhr tickt.

Die Fruchtbarkeit der Frau nimmt mit zunehmendem Alter ab: Die Chance, in einem Zyklus schwanger zu werden, liegt im Alter zwischen 19 und 24 Jahren bei etwa 25 Prozent, verringert sich bei Frauen zwischen 25 und 33 Jahren auf etwa 18 Prozent und sinkt weiter auf etwa 13 Prozent bei 34- bis 44-jährigen Frauen. Die Abnahme der Fruchtbarkeit ist ein ganz natürlicher Vorgang: Die Funktionsfähigkeit der Eierstöcke lässt allmählich nach, die Anzahl und die Qualität der Eizellen nimmt ab, die Wahrscheinlichkeit von Hormonstörungen steigt. Bereits bei einer 35-jährigen Frau findet nicht mehr in jedem Zyklus ein Eisprung statt.

Bei Männern hat das Alter scheinbar keinen so großen Einfluss auf die Fruchtbarkeit, wenngleich die Samenqualität grundsätzlich mit zunehmenden Alter abnimmt und auch das Risiko für genetische Fehler und damit missgebildete Kinder zunimmt.

Alter spielt im Hinblick auf die Fruchtbarkeit eine größere Rolle als während der Schwanger-

Alter der Mutter	Wahrscheinlichkeit
unter 30	unter 1:1000
30	1:900
31	1:900
32	1:750
33	1:625
34	1:500
35	1:350
36	1:275
37	1:225
38	1:175
39	1:140
40	1:100
41	1:85
42	1:65
43	1:50
44	1:40
45	1:25

Wahrscheinlichkeit eines Down-Syndroms des Kindes bei der Geburt schaft. Zwar steigt die Wahrscheinlichkeit mit zunehmendem Alter der Eltern, ein Kind mit chromosomalen Schäden (wie dem Down-Syndrom) zu zeugen, allerdings ist der Verlauf der Schwangerschaft bei älteren Frauen nicht auffälliger als bei jüngeren.

Der Einfluss des Lichts

Berichten über Naturvölker ist zu entnehmen, dass in vielen Gemeinschaften alle gebärfähigen Frauen gleichzeitig, nämlich bei Vollmond, fruchtbar waren und bei allen zur gleichen Zeit, nämlich bei Neumond, die Menstruation einsetzte.

Eine amerikanische Untersuchung hat sich eingehend mit der Lunazeption oder Mond-Empfängnis befasst und die Einwirkungen des Lichtes auf Zyklus und Eisprung beobachtet. Diese Erkenntnisse lassen sich nutzen, wenn Sie auf natürlichem Wege versuchen möchten, Einfluss auf Ihren unregelmässigen Zyklus zu nehmen.

Hierzu benötigen Sie lediglich eine Nachttischlampe und einen Kalender. Wenn Sie versuchen wollen, Ihren Zyklus auf einen 29-Tage-Rhythmus einzupendeln, schlafen Sie in der 14., 15. und 16. Nacht eines jeden Zyklus beim Licht einer 25-Watt-Birne, die in angemessener Entfernung aufgestellt ist, um die Vollmondhelligkeit zu simulieren. In allen anderen Nächten müssen Sie dann bei völliger Dunkelheit schlafen. Nach einigen Monaten sollte sich der anfänglich unregelmäßige Zyklus auf einen regelmäßigen 29-Tage-Zyklus einpendeln.

Künstliches Licht ist kein Ersatz für Sonne

Den Mond können wir imitieren, aber das natürliche Sonnenlicht ist nicht zu ersetzen. Bei Frauen, die sich ausschließlich in künstlichem Licht aufhalten, kann der Eisprung ganz ausbleiben, ihre Basaltemperatur steigt nicht oder nur sehr langsam an. Sonnenlicht wirkt nicht nur gegen Depressionen, sondern auch gegen Menstruationsstörungen: Mit hilfe des Sonnenlichts stellt der Körper selbst Vitamin D her. Das ist nicht nur für die Härtung der Knochen verantwortlich, sondern beeinflusst auch die Hirnanhangsdrüse, die das gesamte Fortpflanzungssystem kontrolliert. Vitamin-D-Mangel kann also zu Hormonstörungen führen. 20 Minuten Sonne pro Tag bringen so manchen Zyklus wieder ins Gleichgewicht. Gehen Sie deshalb täglich ans Tageslicht, auch wenn die Sonne nicht scheint.

Sechs Tipps für eine gesunde Fortpflanzung

1. Trinken Sie nicht mehr als zwei Tassen Kaffee oder schwarzen Tee täglich.
   Zu viel Koffein wirkt sich ungünstig auf die Fruchtbarkeit aus.

2. Rauchen Sie weder aktiv noch passiv.
   Frauen und Männer, die aktiv oder passiv rauchen, schädigen ihre Fruchtbarkeit. Rauchende Männer erhöhen das Risiko für ihr Baby, später an Leukämie zu erkranken.

3. Trinken Sie keinen Alkohol.
   Schon vor der Empfängnis kann sich Alkohol nachteilig auf die Fruchtbarkeit auswirken. Während der Schwangerschaft beeinträchtigt er nachweislich die Entwicklung des Kindes.

4. Nährstoffreiche Lebensmittel sind für die Fruchtbarkeit und die Schwangerschaft wichtig.
   Essen Sie ausreichend frische Vollkornprodukte, Gemüse und Milchprodukte. Jodmangel beeinträchtigt die Stoffwechselfunktionen und wirkt sich negativ auf die Fruchtbarkeit aus. Klären Sie mit Ihrem Arzt, ob Sie Jod- und zusätzliche Vitaminpräparate einnehmen sollten.

5. Vitamin C erhöht die Samenqualität.
   Ein nicht seltener Mangel an Vitamin C kann die Ursache für eine schlechte Samenqualität des Mannes sein.

6. Achten Sie auf Ihr Normalgewicht.
   Über- wie auch Untergewicht wirken sich nachteilig auf die Fruchtbarkeit aus. Orientieren Sie sich an Ihrem Body-Mass-Index.

5. Krank und trotzdem Nachwuchs?

Frühere Fehlgeburten

Eine Fehlgeburt (Abort) bedeutet das Absterben eines Embryos bzw. die frühzeitige Geburt eines Kindes vor Erreichen der Überlebensfähigkeit (20. Woche).

Mit speziellen Untersuchungen konnte man feststellen, dass etwa 40 bis 50 Prozent aller Schwangerschaften schon vor dem Zeitpunkt der erwarteten Regelblutung „abgehen", also zu einer Zeit, in der die Menstruation noch gar nicht ausgeblieben war. Diese frühen Aborte werden normalerweise nicht erkannt, da die Befruchtung gar nicht bemerkt wurde und die „Regelblutung" pünktlich oder nur ein wenig verspätet eintritt.

Etwa 20 bis 25 Prozent aller Schwangerschaften, die mit Ultraschall oder durch einen Schwangerschaftstest festgestellt werden konnten, enden mit einem Abort.

Eine oder zwei Fehlgeburten haben normalerweise keinen Einfluss auf die Fruchtbarkeit. Nach drei oder mehr Fehlgeburten hintereinander sollten Sie sich allerdings untersuchen lassen, um grundlegende Erkrankungen auszuschließen.

Kinderwunsch bei chronischen Krankheiten

Eine chronische oder akute Erkrankung, die mit einer regelmäßigen Medikamenteneinnahme verbunden ist, spricht nicht unbedingt gegen eine Schwangerschaft. Ein Kinderwunsch kann unter bestimmten Voraussetzungen und guter ärztlicher Betreuung oftmals dennoch realisiert werden.

Bei chronisch kranken Frauen mit Kinderwunsch rückt manchmal die Angst in den Vordergrund, dass sich die eigene Erkrankung durch eine Schwangerschaft erheblich verschlimmern könnte, oder die Sorge, dass die für die Mutter hilfreichen und notwendigen Medikamente für die Entwicklung des Kindes schädlich sind.

Falls Sie an einer chronischen Krankheit leiden, sollten Sie sich in erster Linie zwei Fragen stellen:

1. Welche Auswirkungen hat die Krankheit oder deren Medikamente auf Ihre Fruchtbarkeit und die gesunde Entwicklung eines Babys?
2. Welche Auswirkungen hat die Schwangerschaft auf Ihre Krankheit?

Das folgende Kapitel kann nur einige allgemeine Informationen zu einer Auswahl von Krankheiten geben – ein enger Kontakt mit Ihrem behandelnden Arzt und dem Gynäkologen ist in jedem Fall unverzichtbar.

In schwierigen Fällen kann sich Ihr Arzt an Frau Prof. Peiker von der Klinik für Frauenheilkunde und Geburtshilfe der Friedrich-Schiller-Universität in Jena wenden, die auf dieses Gebiet spezialisiert ist und eine differenzierte Risikoberatung anbietet (Adressen siehe Anhang S. 136).

Diabetes

Vor der Entdeckung von Insulin kam es äußerst selten vor, dass eine Frau mit Diabetes mellitus schwanger wurde. Trat dennoch eine Schwangerschaft ein, so überlebte kaum ein Kind, und die Müttersterblichkeit war sehr hoch. Mit der Verfügbarkeit von Insulin seit 1922 besserte sich die Fruchtbarkeit und umgekehrt sank die Sterblichkeitsrate von Diabetikerinnen, die Mutter wurden. Die Gefahr, dass das Kind einer Diabetikerin im Mutterleib stirbt, liegt heute bei unter zwei Prozent.

Eine Diabetikerin muss die Gründe für einen Kinderwunsch in Abhängigkeit von der Ausprägung und des Fortschritts ihrer Erkrankung abwägen. Argumente gegen eine Schwangerschaft sind zum Beispiel eine fortgeschrittene Nierenschädigung, wobei unter der Belastung der Schwangerschaft mit einem Nierenversagen gerechnet werden muss, oder eine Netzhautdegeneration mit drohender Erblindung. Eine absolute Gegenanzeige (Kontraindikation) stellt die unbehandelte Arteriosklerose der Herzkranzgefäße dar: Dann ist in jedem Fall von einer Schwangerschaft abzuraten.

Bei gut eingestellten Diabetikerinnen kann eine Schwangerschaft durchaus problemlos verlaufen. Allerdings sind 30 bis 40 Prozent aller Schwangerschaften bei Diabetikerinnen nicht geplant.

Da es bei schlecht eingestellten Diabetikerinnen mit erhöhtem Blutzucker zu Fehlgeburten kommen kann und diabetestypische Fehlbildungen bereits ab der fünften Schwangerschaftswochen entstehen, ist eine optimale Stoffwecheleinstellung aller Diabetikerinnen im gebärfähigen Alter sehr anzustreben. Je besser ihr Stoffwechsel eingestellt ist, umso komplikationsloser verläuft die Schwangerschaft und umso weniger Probleme wird das Baby während der Entwicklung haben.

Das ungeborene Kind stellt wesentlich höhere Ansprüche an die Behandlungsqualität des Stoffwechsels als die Schwangere: Ein schlecht eingestellter Stoffwechsel ist für das Baby lebensbedrohlich. Deshalb muss die Behandlung der Mutter auf die Bedürfnisse des Fötus ausgerichtet werden. Die Betreuung einer schwangeren Diabetikerin erfordert die übergreifende Zusammenarbeit von Diabetes-Fachärzten, Gynäkologen und Geburtshelfern sowie Spezialisten für Neugeborenen-Erkrankungen (Neonatologen).

Asthma

Dank verschiedener Medikamente können viele Asthmatiker heute ein weitgehend beschwerdefreies Leben führen. Asthmatherapien verfolgen zwei Ziele: Sie sollen Asthmaanfälle verhindern und die Lungentätigkeit wieder normalisieren. Um das zu erreichen, gibt es zwei Medikamentengruppen, die regelmäßig eingenommen werden müssen:

- Die so genannten Reliever bekämpfen die Atemnot während eines Anfalls, indem sie die Bronchien sofort erweitern.
- Die so genannten Controller stoppen langfristig Entzündungen.

Häufig handelt es sich dabei um kortisonhaltige Arzneimittel. Die Angst vor schweren Nebenwirkungen solcher Präparate führt dazu, dass viele Frauen, die Asthma haben und sich ein Kind wünschen, die Medikamente absetzen, ohne zu bedenken, dass auch der Sauerstoffmangel bei Asthmaanfällen einen negativen Einfluss auf die Fruchtbarkeit haben kann.

Die Dosierungen kortisonhaltiger Medikamente, die oft jahrelang eingenommen werden müssen, sind heute so niedrig, dass es oft nur zu leichten Nebenwirkungen kommt, die normalerweise der Fruchtbarkeit nicht schaden.

Klären Sie in jedem Fall mit Ihrem behandelnden Arzt, ob und welche Medikamente gegen

Asthma Sie vor und während der Schwangerschaft einnehmen können. Die Entscheidung, ob Sie ein Kind bekommen sollten, ist vom Schweregrad Ihrer Erkrankung abhängig und von den Risiken, die damit verknüpft sind, wenn Sie keine Medikamente einnehmen.

Epilepsie

In Deutschland gibt es mehr als 800 000 Menschen, die an Epilepsie leiden. Etwa eine von 200 Schwangeren wird wegen dieses Anfallsleidens medikamentös behandelt.

Zwar haben Kinder von epilepsiekranken Eltern ein leicht höheres Risiko, ebenfalls an einer Epilepsie zu erkranken, Epilepsien zählen aber nicht zu den Erbkrankheiten. Nur fünf Prozent aller Kinder, deren Vater oder Mutter eine Epilepsie haben, erkranken ebenfalls an epileptischen Anfällen. In allen anderen Fällen (etwa 95 Prozent) ist die Epilepsie zum Beispiel durch Unfall und Verletzung erworben.

Eine Epilepsie, die medikamentös behandelt wird, ist kein Grund, auf eine Schwangerschaft zu verzichten. Die Betreuung einer Epileptikerin während der Schwangerschaft erfordert allerdings ebenfalls die übergreifende Zusammenarbeit des Neurologen und des Frauenarztes, die gemeinsam einen Plan für die Medikamenteneinnahme während der Schwangerschaft erstellen.

Ein Weglassen der Medikamente kann zu einer bedrohlichen Anfallshäufung führen, die Mutter und Kind in Gefahr bringt. Alle derzeit verfügbaren Anfallsmedikamente erreichen zwar über die mütterliche Blutbahn auch das Kind, das Risiko einer Entwicklungsstörung wegen dieser Medikamente ist jedoch geringer als vielfach vermutet.

Bluthochdruck

Falls Sie schon vor der Schwangerschaft einen erhöhten Blutdruck haben, der medikamentös behandelt wird, sollten Sie die Schwangerschaftsplanung mit Ihrem Arzt absprechen. Da nicht alle Medikamente zur Blutdrucksenkung in der Schwangerschaft unbedenklich sind, wird er gegebenenfalls die Medikamente schon vor Eintreten der Schwangerschaft wechseln. Die Einstellung des Blutdrucks sollte regelmäßig weiter geprüft und gegebenenfalls die Dosis der Medikamente durch den Arzt angepasst werden.

Rheuma und Polyarthritis

Heute verstehen wir unter Rheuma alle Krankheiten im Bereich des Bewegungsapparates (zum Beispiel Gelenke, Gelenkkapseln, Knochen, Muskulatur oder Sehnen), die nicht durch eine Verletzung oder durch tumoröse Veränderungen hervorgerufen worden sind. Da Rheuma eine Erkrankung von Bindegewebsstrukturen ist und Bindegewebe praktisch überall im Körper vorhanden ist, können fast alle Organe im Körper bei einer entzündlich-rheumatischen Erkrankung beteiligt sein. „Rheuma" ist damit weder eine Diagnose im engeren Sinne noch eine einheitliche Krankheit. Vielmehr fallen unter den Oberbegriff Rheuma etwa 400 verschiedene Erkrankungen.

Falls Sie Rheuma-Medikamente einnehmen, lassen Sie sich von Ihrem Arzt beraten, ob und wann Sie vor Eintritt einer Schwangerschaft mit der Medikation aussetzen sollten, bzw. ob Sie auf Medikamente umsteigen können, die während einer Schwangerschaft unbedenklich sind.

Häufig wird beobachtet, dass entzündlich-rheumatische Beschwerden in der Schwangerschaft besser werden oder im günstigsten Fall sogar alle Symptome verschwinden. Das wachsende Kind stammt ja unter genetischen Gesichtspunkten zur Hälfte vom Vater und ist damit sozusagen zur Hälfte für den Körper der Mutter fremd. Damit das Immunsystem der Mutter das Kind nicht als etwas Fremdes angreift, muss sich das mütterliche System während der Schwangerschaft auf eine größere Toleranz gegenüber Fremdem umstellen. Diese größere Toleranz führt möglicherweise dazu, dass auch die Autoimmun-Reaktionen, die bei vielen entzündlich-rheumatischen Erkrankungen eine Rolle spielen, schwächer werden oder ganz zurückgehen.

Leider kommt es nach der Entbindung und mit der damit verbundenen Umstellung des Immunsystems auf die „normalen", ursprünglichen Zustände bei vielen Frauen zu einer Verschlimmerung der rheumatischen Erkrankung. Manchmal führt die Umstellung des Immunsystems nach der Entbindung sogar zu einem regelrechten Krankheitsschub. Falls Sie an Rheuma leiden und eine Schwangerschaft planen, lassen Sie sich vom Rheumatologen in Zusammenarbeit mit Ihrem Frauenarzt nach der Entbindung sehr engmaschig betreuen, damit ein sich anbahnender Krankheitsschub durch geeignete Behandlungsmaßnahmen verhindert werden kann.

Auch Patienten mit einer chronischen Polyarthritis müssen nach der Entbindung mit einem Schub ihrer Erkrankung rechnen. Die kritische Phase beginnt etwa drei bis sechs Wochen nach der Entbindung. Genauso gut kann es allerdings auch zu einer anhaltenden Fortdauer der Beschwerdefreiheit kommen. Wie sich diese Krankheit entwickelt, ist leider derzeit mit keiner noch so aufwendigen Methode vorherzusagen.

Kinderwunsch bei ansteckenden Krankheiten

Einige Infektionskrankheiten können während der Schwangerschaft zu Entwicklungsstörungen und sogar zu Fehlgeburten führen. Hierzu zählen die Rötelninfektion, die Zytomegalie und die Toxoplasmose. Andere Infektionskrankheiten wie Tripper und Syphilis oder die Viruserkrankung Aids können sich bei der Geburt auf das Baby übertragen und erhebliche Gesundheitsschäden verursachen. Daher sollten Sie sich schon vor Beginn einer Schwangerschaft vom Arzt genau untersuchen und gegebenenfalls impfen lassen.

Es gibt einige Infektionserkrankungen, die für einen Erwachsenen im Allgemeinen harmlos und oft sogar unbemerkt verlaufen, für werdende Mütter und deren Föten allerdings einschneidende Folgen haben können.

Röteln und Windpocken

Infiziert sich eine werdende Mutter in der Frühschwangerschaft mit Röteln, ist das Risiko einer Schädigung für das Baby sehr groß – und zwar bis zu 60 Prozent, wenn die Erstinfektion während der ersten acht Wochen erfolgt. Windpocken sind für das Baby lebensgefährlich, wenn sie innerhalb von vier Tagen um den Geburtstermin auftreten.

Schützen Sie sich deshalb rechtzeitig vor diesen Krankheiten. Klären Sie mindestens drei Monate vor Eintritt einer Schwangerschaft, ob Sie gegen Röteln und Windpocken immun sind. Der zuverlässigste Schutz, nicht an Röteln oder Windpocken zu erkranken, ist eine bereits erworbene Immunität nach einer durchgemachten Röteln- bzw. Windpockeninfektion oder aber eine Röteln- bzw. Windpockenimpfung.

Sind Sie unsicher, ob Sie in Ihrer Kindheit eine Röteln- bzw. Windpockeninfektion hatten oder ob Sie während der Schulzeit dagegen geimpft wurden? Dann lassen Sie sich in jedem Fall testenund falls nötig impfen. Ob Sie bereits eine der beiden Erkrankungen durchgemacht haben (und jetzt also immun dagegen sind), wird ein Bluttest beim Arzt zeigen.

Toxoplasmose

In jedem Fall soll eine Schwangerschaft innerhalb von drei Monaten nach einer Toxoplasmose-Impfung oder -Infektion vermieden werden. Toxoplasmose wird durch einen Parasiten verursacht, der vor allem bei Katzen verbreitet ist: Infizierte Katzen scheiden Eier dieses Erregers mit dem Kot aus. Diese können durch Wind oder Staub verteilt und von Menschen oder Schlachttieren aufgenommen werden. Die Toxoplasmose ist eine häufige, über die ganze Welt verbreitete Infektion. Die Erkrankung kann ohne Symptome verlaufen, es können sich aber auch grippeähnliche Anzeichen in Verbindung mit geschwollenen Lymphknoten zeigen. Jeder zweite Erwachsene hat Antikörper gegen den Erreger als Zeichen einer durchgemachten Infektion. Die Infektion kann entweder über den Katzenkot verbreitet werden oder über das rohe Fleisch infizierter Schlachttiere (zum Beispiel Schweine- oder Lammfleisch, selten Rindfleisch), nicht aber von Mensch zu Mensch. Während die Toxoplasmose für den gesunden Menschen im Allgemeinen eine harmlose und folgenlos ausheilende Erkrankung ist, kann die Krankheit bei Schwangeren zur Totgeburt oder Fehlgeburt führen oder aber beim Fötus schwere Schäden hinterlassen, insbesondere Schädigungen des kindlichen Gehirns.

Da die Infektion medikamentös behandelbar ist, ist eine Blutuntersuchung vor bzw. während der Schwangerschaft zu empfehlen. Hat eine Schwangere keine Antikörper gegen Toxoplasmose, sollte der Bluttest etwa alle drei Monate wiederholt werden, um sicherzugehen, dass keine frische Infektion aufgetreten ist. Bei fehlender Immunität ist während der Schwangerschaft große Vorsicht beim Umgang mit Katzen geboten:

- Beim Leeren des Katzenklos ziehen Sie bitte Plastikhandschuhe an.
- Schmusen mit der Katze ist jetzt nicht erlaubt.
- Während des Essens darf die Katze nicht auf den Tisch.

Außerdem:

- Essen Sie kein rohes Fleisch (Tartar!).
- Waschen Sie Salate und rohes Gemüse besonders gut.

Klären Sie in jedem Fall mit Ihrem Arzt, ob Sie zu der Risikogruppe gehören, die einen Toxoplasmose-Test machen sollte. Wenn Sie nicht zur Risikogruppe gehören (wenn Sie also kurz vor und während der Schwangerschaft nicht in Kontakt mit Katzen kommen), liegt die Entscheidung bei

Ihnen, den Test durchführen zu lassen. Diese Untersuchung wird inzwischen nicht mehr von den Krankenkassen übernommen.

Geschlechtskrankheiten

Die meisten Geschlechtskrankheiten verlaufen zunächst unbemerkt. Zwar beginnen einige der sexuell übertragbaren Krankheiten manchmal harmlos oder mit kaum merklichen Anzeichen, doch ohne Behandlung können Geschlechtskrankheiten schwerwiegende Folgen für die Fruchtbarkeit und die gesunde Entwicklung Ihres Babys haben. Es kann sogar zu Fehlgeburt, Totgeburt oder zur Geburt eines schwer geschädigten Kindes kommen.

Eine Chlamydien-Infektion ist in Deutschland eine der häufigsten Geschlechtskrankheiten. Oft bewirkt die Erkrankung gar keine oder kaum Beschwerden wie häufigen Harndrang und Entzündung von Harnröhre und Gebärmutterhals. Die Bundeszentrale für gesundheitliche Aufklärung schätzt die Zahl der beschwerdefreien, aber infizierten Frauen auf etwa 350000.

Die unbehandelte Chlamydien-Infektion kann zur dauerhaften Unfruchtbarkeit infolge Eileiterverklebungen führen. Eine Infektion kann bei Männern ständige Entzündungen der Harnröhre, der Prostata und der Nebenhoden sowie Sterilität zur Folge haben. Das Neugeborene einer infizierten Frau kann bei der Geburt infiziert werden und ernste Lungen- und Augenerkrankungen entwickeln.

Tripper (Gonorrhoe) und Syphilis (Lues) gehören zu den bekanntesten Geschlechtskrankheiten. Heute haben diese Erkrankungen ihren Schrecken verloren, da man sie problemlos mit Antibiotika behandeln kann. Da bei beiden Krankheiten auch ein Krankheitsverlauf ohne Beschwerden vorkommen kann, wird der Arzt Sie spätestens bei Fruchtbarkeitsstörungen immer auch auf eine Tripper- bzw. Syphilisinfektion hin untersuchen. Eine über längere Zeit unbehandelte Infektion kann beim Mann zu Verklebungen der männlichen Samenleiter und somit zu Sterilität führen. Bei Frauen können sich die Gebärmutterschleimhaut, die Eileiter und Eierstöcke entzünden und verkleben, was zur Unfruchtbarkeit führen kann.

Eine Tripper- wie auch Syphilisinfektion während der Schwangerschaft kann zu Totgeburt, Fehlgeburt oder schweren Fehlbildungen und Erkrankungen des Babys führen. Allerdings gehört in Deutschland ein Tripper- und Syphilis-Test zur üblichen Schwangerschaftsvorsorgeuntersuchung.

Lassen Sie sich rechtzeitig von Ihrem Arzt auf Geschlechtskrankheiten untersuchen. Fast alle Geschlechtskrankheiten sind im Anfangsstadium mit Aussicht auf Erfolg zu behandeln. Die Behandlung muss wegen der gegenseitigen Ansteckungsgefahr immer auch den Partner einschließen.

Aids

Das HI-Virus (Human Immune Deficiency Virus) ist verantwortlich für Aids (Acquired Immune Deficiency Syndrome), eine Erkrankung des Immunsystems mit unterschiedlichsten Symptomen.

Eine aidskranke Mutter kann, auch wenn sie selbst keinerlei Krankheitssymptome zeigt, ihr Kind während der Schwangerschaft und bei der Geburt infizieren. Ohne Medikamenteneinnahme beträgt die Wahrscheinlichkeit der Ansteckung etwa 25 Prozent; nimmt die Mutter entsprechende Medikamente ein, verringert sich das Ansteckungsrisiko auf etwa ein bis zwei Prozent. Aus diesem Grund ist es wichtig, bei einer

Schwangerschaft so früh wie möglich von der Aidserkrankung zu wissen und sich behandeln zu lassen, damit das Risiko für das Kind minimiert wird. Einige Ärzte empfehlen HIV-positiven Müttern, per Kaiserschnitt zu entbinden, um das Ansteckungsrisiko für das Kind zusätzlich zu senken.

Wenn eine HIV-positive Frau und ein nicht infizierter Mann gemeinsam ein Kind haben möchten, ist das ohne Infektionsrisiko für den Partner durch eine künstliche Befruchtung möglich.

Wenn eine HIV-negative Frau ein Kind von einem HIV-positiven Mann bekommen möchte, gibt es inzwischen die Möglichkeit der „Samenwäsche" mit einer anschließenden künstlichen Befruchtung. Bei dieser (leider sehr aufwendigen und teuren) Methode wird das Virus vor der künstlichen Befruchtung aus der Samenflüssigkeit entfernt. Bisher kamen auf diese Weise nur HIV-negative Kinder zur Welt.

Auch wenn Sie nicht zu einer der so genannten Risikogruppen gehören (homosexuelle Männer, Prostituierte, drogensüchtige Personen), können Sie oder Ihr Partner sich irgendwo und irgendwann (etwa bei einer Zahnarztbehandlung oder Bluttransfusion unter schlechten hygienischen Bedingungen) mit Aids angesteckt haben. Da es nach einer Ansteckung bis zu zehn Jahre und länger dauern kann, bis die Krankheit ausbricht und bis dahin keine Symptome auf eine Infektion deuten, wissen viele Betroffene lange nicht, dass sie infiziert sind.

Wenn Sie sich ein Kind wünschen, sollten Sie in jedem Fall wissen, ob Sie mit HIV infiziert sind, und vor der Empfängnis einen entsprechenden Test machen lassen. Auch wenn bei Kinderwunschpaaren ein oder beide Partner HIV-positiv sind und eine Schwangerschaft für alle Beteiligten mit vielfältigen Fragen und Problemen verbunden ist, sollten Sie die Augen nicht vor den Tatsachen verschließen und den Mut aufbringen und einen Test durchführen zu lassen. Vergessen Sie nie: Eine frühzeitige medikamentöse Behandlung könnte ein wirksamer Schutz für Ihr Kind sein.

Chemotherapie und Fruchtbarkeit

Die größten Feinde der Keimzellen sind giftige Chemikalien – auch diejenigen, die uns eigentlich das Leben retten sollen: bei Chemotherapien. Besonders sehr junge Krebspatienten können durch eine Chemotherapie ihre Fruchtbarkeit auf Lebenszeit verlieren. Bei Frauen können Eizellen durch eine Chemotherapie derart geschädigt werden, dass sie nicht mehr befruchtet werden können.

Heute gibt es die Möglichkeit, einer jungen Frau vor der Durchführung einer Chemotherapie Eizellen zu entnehmen und diese eingefroren zu lagern. Nach erfolgreicher Chemotherapie werden den Frauen die Eizellen wieder eingesetzt und entwickeln sich im besten Falle normal weiter. So haben Frauen, die eine Chemotherapie durchmachen müssen, immer noch eine Chance, gesunde eigene Kinder zu bekommen.

Männer können ihre Spermien vor einer Chemotherapie tiefgefroren in einer Samenbank ein lagern lassen. Dies funktioniert allerdings erst nach der Pubertät, da vorher noch keine Samen produziert werden. Zwar stellt dieses Verfahren die durch Chemotherapie verlorene Fruchtbarkeit der Männer nicht wieder her, diese konservierten Spermien können dann aber später mit Hilfe von assistierten Reproduktionstechniken (ab S. 103) den Männern zu eigenen Kinder verhelfen. Entweder kann der Samen der Partnerin direkt in die Vagina eingespritzt werden, oder es kann mit Hilfe der Samen eine In-vitro-Befruchtung vorgenommen werden.

Für Jungen und Männer, denen eine Chemotherapie bevorsteht, könnte ein neuartiges Verfahren die Rettung der Fruchtbarkeit bedeuten, das sich zur Zeit allerdings noch in der Versuchsphase befindet: Spermatogonien (Vorläufer-Zellen, aus denen die Spermien hervorgehen) werden vor einer Chemotherapie den Hoden entnommen und gereinigt. Die Spermatogonien werden dann bei -196 °C eingefroren und nach einer Chemotherapie in die Hoden zurückinjiziert, wo sie sich wieder ansiedeln und Spermien produzieren können. Dieses Verfahren wurde in Deutschland an der Universität Münster entwickelt – allerdings bisher nur im Tierversuch: An Affenhoden wurde es bereits erfolgreich getestet. Wann es in Deutschland bei Menschen angewandt wird, ist noch nicht klar. In England haben jedoch an der Universität Manchester schon die ersten Tests an jungen Krebspatienten begonnen.

Sechs Tipps zu Kinderwunsch und Krankheiten

1. Frühere Fehlgeburten?
   Je nachdem, aus welchem Grund Sie zuvor schon eine oder mehrere Fehlgeburten gehabt haben, muss nicht unbedingt das Risiko einer erneuten Fehlgeburt bestehen. Klären Sie zusammen mit Ihrem behandelnden Arzt, was Sie tun können, um gegebenenfalls eine weitere Fehlgeburt zu verhindern.

2. Chronische Erkrankungen und Kinderwunsch?
   Auch wenn Sie an einer chronischen Krankheit leiden, können Sie wahrscheinlich ein Kind bekommen. Müssen Sie regelmäßig Medikamente einnehmen und wollen gern ein Kind? Sprechen Sie mit Ihrem Arzt darüber, welche Medikamente während der Schwangerschaft unbedenklich sind.

3. Medikamente und Kinderwunsch?
   Grundsätzlich sollten Sie kurz vor und während der Schwangerschaft sämtliche Medikamente absetzen. Es gibt aber durchaus wichtige oder akute Gründe, aus denen man auf Medizin nicht verzichten sollte oder darf. Sprechen Sie in jedem Fall mit Ihrem Arzt, welche Medikamente unbedenklich sind.

4. Kinderkrankheiten und Kinderwunsch?
   Mindestens drei Monate vor Beginn einer Schwangerschaft sollten Sie abklären, dass Sie gegen Röteln und Windpocken immun sind, oder sich gegebenenfalls impfen lassen. Eine Infektion kurz vor oder während der Schwangerschaft könnte der Entwicklung des Kindes schaden und zu Fehl- und Totgeburten führen.

5. Geschlechtskrankheiten und Kinderwunsch?
   Einige Geschlechtskrankheiten verlaufen symptomlos, können aber unfruchtbar machen. Lassen Sie sich deshalb in jedem Fall von Ihrem Arzt untersuchen.

6. Chemotherapie und Kinderwunsch?
   Falls Sie eine Chemotherapie machen müssen, informieren Sie sich über die Möglichkeit, vor Beginn der Therapie gesunde Keimzellen einfrieren zu lassen.

6. Kinderwunsch und Vererbung

Wie funktioniert Vererbung?

Gleiche oder ähnliche Merkmale (zum Beispiel Haarfarbe, Körpergröße, Statur) wie auch Krankheiten können vererbt werden. Falls in Ihrer Familie Erbkrankheiten vorkommen, werden Sie sich möglicherweise darüber Gedanken machen, ob und wie groß das Risiko für Ihre Kinder sein könnte, diese Krankheit zu erben und an folgende Generationen weiterzugeben.

Die Informationen für den Bauplan eines jeden Menschen liegen im Kern jeder menschlichen Zelle. Sie sind auf etwa 100000 Gene verteilt, die auf den 46 paarweise angeordneten Chromosomen in menschlichen Körperzellen aufgereiht sind.

Bauplanstörungen der Chromosomen können von den Eltern an die Kinder weitervererbt werden. Wird ein verändertes Gen von einem Vorfahren geerbt, gibt es normalerweise noch eine gesunde Kopie auf dem zweiten Chromosom, denn das gesamte Erbgut ist ja doppelt vorhanden – bis auf die Geschlechtschromosomen bei Männern, die jeweils aus einem X- und einem Y-Chromosom bestehen (siehe Junge oder Mädchen S. 31).

Schon aus Erfahrung wissen wir, dass einige Krankheiten oder körperliche Eigenarten, die vererbt werden können, in jedem Fall zur Ausprägung kommen, andere hingegen nicht, obwohl sie an die nächste Generation weitergegeben werden können. Wie Krankheiten vererbt werden und ob sie sich durchsetzen oder „nur" als Anlage weitergegeben werden und vielleicht in der nächsten Generation zur Ausprägung kommen, ist abhängig davon, welches Chromosom verändert ist und ob sich die Merkmale dominant oder rezessiv vererben:

- Dominante Merkmale kommen in jedem Fall – auch wenn sie nur auf einem Chromosom vorkommmen – zur Ausprägung.
- Rezessive Merkmale treten nur dann in Erscheinung, wenn zwei identische Gene, eins vom Vater und eins von der Mutter, auf jedem der entsprechenden Chromosomen vorhanden sind.

Liegt in einer Familie eine Erbkrankheit vor, ist es wichtig zu wissen, wie sie weitervererbt wird. Denn nur so können Sie das Risiko für Ihren Nachwuchs abschätzen, entweder diese Erbkrankheit zu bekommen oder sie weiterzuvererben.

Liegt ein Gen auf einem Geschlechtschromosom, so handelt es sich um eine geschlechtsgebundene Vererbung. Liegt bei einem Jungen beispielsweise ein Defekt auf dem X-Chromosom vor, wie bei der Duchenne-Muskeldystrophie, stammt das defekte X-Chromosom des Jungen von der Mutter, denn vom Vater hat er ja das Y-Chromosom geerbt.

Ein ausführliches Beispiel für die komplizierten geschlechtsgebundenen Vererbungswege ist die Bluterkrankheit, eine X-chromosomal-rezessiv vererbare Blutgerinnungsstörung:

- Frauen zeigen die Krankheit nur dann, wenn das Bluter-Gen auf beiden X-Chromosomen vorhanden ist. Das kommt aber nur sehr selten vor, nur wenn beide Elternteile Überträger dieser Krankheit sind.

- Trägt eine Frau das Merkmal für eine Bluterkrankheit nur in einem ihrer X-Chromosomen, zeigt sie keine Krankheitssymptome. Allerdings tritt die Krankheit potenziell bei 50 Prozent ihrer Söhne, jedoch bei keiner Tochter in Erscheinung; 50 Prozent der Töchter sind aber so genannte Überträgerinnen (Konduktorinnen), welche die Krankheitsmerkmale wiederum an ihre Kinder weitergeben können.
- Bei allen Männern, die ein X-Chromosom mit dem Merkmal der Bluterkrankheit haben, tritt die Krankheit auch zutage, weil Männer nur ein X-Chromosom besitzen.
- Beim X-chromosomal-dominanten Erbgang wird das Merkmal vom Vater immer auf seine Töchter, nie jedoch auf seine Söhne übertragen – da nur das X-Chromosom den genetischen Defekt tragen kann.

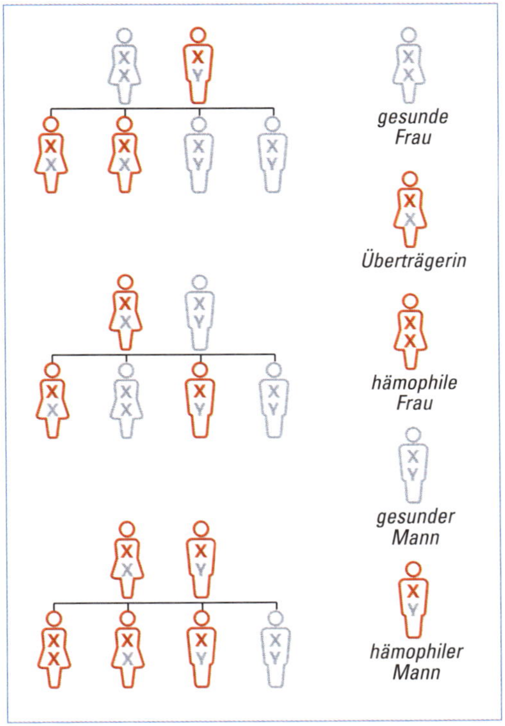

Ein Beispiel für geschlechtsgebundene Vererbung: Bei der Bluterkrankheit (Hämophilie) sind Frauen mit einem Blutergen nur Überträgerinnen, während Männer krank werden.

Mögliche Chromosomenstörungen

Grundsätzlich können sich nach jeder Befruchtung Chromosomenstörungen entwickeln, von denen die meisten zu lebensunfähigen Föten führen. Diese gehen schon sehr früh in einer Schwangerschaft mit einer Blutung ab, es kommt zu einer Fehlgeburt.

Allerdings gibt es auch Chromosomenstörungen, die zur Geburt lebensfähiger Kinder mit körperlichen und geistigen Beeinträchtigungen führen können. Ursache dafür können Störungen bei der Zellteilung sein (wie beim Down-Syndrom) oder bei der Keimzellentwicklung (siehe S. 25).

Down-Syndrom

Der bekannteste nicht vererbbare Chromosomendefekt, der durch eine fehlerhafte Teilung der Chromosomen bei der Keimzellentwicklung zustande kommt, ist das Down-Syndrom, auch Trisomie 21 genannt, weil das Chromosom Nr. 21 nicht wie normal in doppelter, sondern in dreifacher Anzahl vorliegt. Statt 46 Chromosomen besitzen Menschen mit einem Down-Syndrom also 47 Chromosomen.

Die Symptome des Down-Syndroms sind geistige Behinderung unterschiedlicher Ausprägung, unter anderem auch rundlicher Minder- bzw.

Jch hab's von meinem Papa...
JIM BEAM
Und ich von meiner Mami...
F.B.

Kleinwuchs, Herzfehler und schräge Augenfalten (deswegen wurde die Krankheit früher auch als „Mongolismus" bezeichnet). In den Industriestaaten kommt bei etwa 650 Geburten durchschnittlich ein Kind mit Down-Syndrom zur Welt. Die Krankheitshäufigkeit steigt ab dem 30. Lebensjahr mit zunehmendem Alter der Mutter stark an (siehe S. 69). Das Alter des Vaters spielt hierbei kaum eine Rolle.

Da dann in der Schwangerschaft ein erhöhtes Risiko für eine Chromosomenanomalie vorliegt, wird der Arzt Ihnen zwischen der 14. und 17. Schwangerschaftswoche eine Fruchtwasseruntersuchung empfehlen, um genetische Krankheiten des Ungeborenen aufzuspüren. Hierbei wird durch die Bauchdecke ein wenig Fruchtwasser entnommen und untersucht. Dieser Eingriff ist allerdings mit einem Abortrisiko von 0,5 bis 1,0 Prozent behaftet.

Wer berät in Fragen der Vererbung?

Wenn Sie einen Kinderwunsch haben und/oder ein erhöhtes genetisches Risiko bei Ihnen, Ihrem Partner oder in Ihren Familien besteht, sollten Sie sich schon vor Eintritt einer Schwangerschaft humangenetisch beraten lassen. Dafür stehen Frauenärzte sowie genetische Beratungsstellen als Ansprechpartner zur Verfügung (Adressen siehe Anhang ab S. 136).

Bereits wenn eines der folgenden Kriterien erfüllt ist, ist eine genetische Beratung empfehlenswert:

- Alter: Mutter älter als 34 Jahre und/oder Vater älter als 45 Jahre
- Krankheitsgeschichte der Familie: Erbkrankheiten, Verwandtenehen, bereits geschädigte Geschwister der Eltern und eigene Kinder
- psychische Belastung: behindertes Kind im Bekanntenkreis, ängstliche Persönlichkeitsstruktur
- Infektionen des Vaters oder der Mutter kurz vor der Schwangerschaft, zum Beispiel Mumps
- Einnahme von Medikamenten wie Zytostatika, Antiepileptika, Antikoagulantien etc.
- Alkohol- und/oder Drogenabhängigkeit
- Strahlungsrisiko: nach zahlreichen Röntgenuntersuchungen oder einer erhöhten Strahlenbelastung zu Hause oder im Beruf
- Risikoberuf: zum Beispiel Facharbeiter/-innen der pharmazeutischen, chemischen oder Nuklear-Industrie; Narkoseschwestern und -ärzte; Krankenschwestern, die mit Mitteln zur Krebstherapie arbeiten; Zahnärzte, die täglich mit quecksilberhaltigen Füllungen umgehen; Landwirte, die mit Pestiziden arbeiten
- Infertilität: bei Unfruchtbarkeit oder als Vorgespräch bei geplanter In-vitro Befruchtung
- wiederholte Fehlgeburten: nach mehr als drei Fehlgeburten in Folge

Ziel der genetischen Beratung ist es, Auskunft darüber zu erlangen, wie hoch das persönliche Risiko ist, ein Kind mit geschädigten Erbanlagen zu bekommen. Der Berater klärt Sie über die Möglichkeiten der Diagnostik, Therapie und

Prognose entsprechender Erkrankungen auf. Er wird die derzeitig verfügbaren Methoden, mit denen erkannt werden kann, ob der Patient oder seine Angehörigen Träger eines defekten Gens sind, erklären. Durch die umfassende Beratung erhalten die Paare Entscheidungshilfen für bzw. gegen den Verzicht auf eigene Nachkommen und das Austragen einer Schwangerschaft. Solche genetischen Beratungen werden von den Krankenkassen bezahlt.

Eine Liste mit Fragen, die Ihre Schwangerschaft und deren Vorsorge betreffen, hilft dem Arzt bei der genetischen Beratung Ihr persönliches Risiko optimal einzuschätzen. Beantworten Sie den Fragebogen „Mein persönliches Risiko“ (siehe Anhang S. 133) und nehmen Sie ihn zu dem ärztlichen Beratungsgespräch mit, damit der Arzt einen ersten Überblick über Ihre Situation gewinnen kann.

7. Es klapp(er)t nicht. Was können wir tun?

Schon in der Bibel gibt es viele Geschichten zum Thema Kinderlosigkeit, und an der Problematik hat sich bis heute nichts geändert: In den Industrienationen sind etwa 15 Prozent aller Paare ungewollt kinderlos.

Wenn es innerhalb eines Jahres trotz ungeschützten Geschlechtsverkehrs nicht zu einer Schwangerschaft kommt, spricht man im medizinischen Sinn von Sterilität bzw. Unfruchtbarkeit eines Paares. Mit diagnostischen Methoden der Schulmedizin lassen sich etwa bei 30 Prozent der Frauen und ungefähr 30 Prozent der Männer sogenannte organische Ursachen finden, in 30 Prozent werden bei beiden Partnern Fruchtbarkeitsstörungen nachgewiesen. Allerdings lässt sich bei etwa 10 Prozent aller sterilen Paare auch nach gründlichen Untersuchungen kein Hinweis auf körperliche Ursachen ihrer Unfruchtbarkeit finden. Oft kommt es auch vor, dass spontane Schwangerschaften bei Kinderwunschpaaren eintreten, denen die Schulmedizin aufgrund von organischen Störungen jegliche Hoffnung auf eine natürliche Befruchtung und Schwangerschaft genommen hat.

Dass auch psychische Faktoren einen nicht unerheblichen Einfluss auf die Fruchtbarkeit haben können, ist seit langem bekannt. Darüber hinaus gibt es zahlreiche mehr oder weniger alltägliche Faktoren, die die Fruchtbarkeit bei Frauen und Männern so nachhaltig stören, dass auch nach längerem ungeschützten Geschlechtsverkehr keine Schwangerschaft eintritt. So zum Beispiel:

- Unter- oder Übergewicht
- Zigaretten, Alkohol, Kaffee, Tee oder andere Drogen
- Medikamente
- Leistungssport
- Pestizide und andere Umweltgifte
- Stress
- Schichtarbeit
- Virusinfektionen
- Erkrankungen wie Störungen der Schilddrüse, Diabetes mellitus, Nieren- und Leberfunktionsstörungen
- Chemotherapie
- Neurologische und psychische Erkrankungen
- Unausgewogene oder schlechte Ernährung
- Frühere oder akute Geschlechtskrankheiten
- Alter der Eltern

Falls Sie trotz ungeschütztem Geschlechtsverkehr nicht schwanger werden, und schon alles versucht haben, was Sie selbst zur Fruchtbarkeit beitragen können, sollten Sie gemeinsam mit Ihrem Partner einen Facharzt aufsuchen. Und zwar

- wenn die Frau jünger ist als 35 Jahre und innerhalb eines Jahres keine Schwangerschaft eintritt.
- wenn die Frau über 35 Jahre alt ist und innerhalb eines halben Jahres keine Schwangerschaft eintritt. Die biologische Uhr tickt!
- wenn Ihnen eine mögliche medizinische Ursache bekannt ist, wie Endometriose, unregelmäßiger Zyklus, frühere Fehlgeburten, frühere Krebsbehandlungen, sollten Sie schon früher zu einer ärztlichen Beratung gehen.

Eine sorgfältige Diagnostik der zugrunde liegenden Störung ist Voraussetzung für eine weitere Beratung, Planung und schließlich auch für den Einsatz geeigneter therapeutischer Verfahren. Je

Mythen in Sachen Fruchtbarkeit

- Wenn man schwanger werden will, muss man drei Monate zuvor die Pille absetzen.
  Stimmt nicht. Solange Sie die Pille einnehmen, verhindert diese einen Eisprung. Manchmal kann es sein, dass es einige Zeit dauert, bis der Eisprung nach Absetzen der Pille wieder einsetzt. Aber oft kommt es auch unmittelbar nach dem Absetzen der Pille zum Eisprung. Wenn Sie dann schwanger werden, schadet das dem Kind nicht.
- Stillen verhütet eine weitere Schwangerschaft.
  Stimmt nicht. Auch während des Stillens können Sie erneut schwanger werden. Stillen verzögert zwar den Eisprung, verhindert ihn aber nicht.
- Der Eisprung findet immer am 14. Tag eines Zyklus statt.
  Stimmt nicht. Der Termin des Eisprungs ist abhängig von der Zykluslänge. Der Eisprung findet in der Regel 14 Tage vor dem Einsetzen der nächsten Menstruation statt.
- Beim ersten Mal kann man nicht schwanger werden.
  Stimmt nicht. Sie können auch beim ersten Geschlechtsverkehr schwanger werden. Tatsächlich werden mehr jüngere Frauen beim ersten Mal schwanger als Frauen zwischen 30 und 40 Jahren.
- Wenn die Frau keinen Orgasmus hat, kann sie auch nicht schwanger werden.
  Stimmt nicht. Sie können mit oder ohne Orgasmus schwanger werden.
- Beim Geschlechtsverkehr im Stehen kann man nicht schwanger werden.
  Stimmt nicht. Ungeschützter Geschlechtsverkehr, ob stehend, liegend oder hüpfend, kann zur Schwangerschaft führen.
- Eine Scheidendusche nach dem Geschlechtsverkehr spült die Spermien weg und verhindert eine Schwangerschaft.
  Stimmt nicht. Eine Scheidendusche verhindert eine Schwangerschaft nicht, sondern fördert sie sogar.
- Die Länge des Penis beeinflusst die Fruchtbarkeit.
  Stimmt nicht. Die Länge, Dicke und Gestalt des Penis hat keinerlei Einfluss auf die Fruchtbarkeit.
- Er ist unfruchtbar, weil er seine frühere Partnerin nicht geschwängert hat.
  Stimmt nicht. Dass seine frühere Partnerin nicht schwanger geworden ist, muss nicht unbedingt an ihm gelegen haben.
- Sie ist unfruchbar, weil sie von ihrem früheren Partner nicht schwanger wurde.
  Stimmt nicht. Dass sie nicht bereits früher schwanger geworden ist, muss nicht unbedingt an ihr gelegen haben.
- Sie kann nicht schwanger werden, weil bei ihr zuvor eine hormonelle Stimulationstherapie nicht angeschlagen hat.
  Stimmt nicht. Auch ohne die hormonelle Stimulierung können Sie einen Eisprung bekommen und schwanger werden. Spontane Eisprünge können jederzeit vorkommen.
- Sie können nicht schwanger werden, weil er kaum bewegliche Samenzellen im Ejakulat hat.
  Stimmt nicht. Eine einzige Samenzelle, die die Eizelle erreicht, kann zur Befruchtung und somit zur Schwangerschaft führen.
- Sex während der Menstruation macht nicht schwanger.
  Stimmt nicht. Sie können auch während der Menstruation schwanger werden, besonders, wenn Ihr Zyklus sehr kurz ist.
- Nach einer Sterilisation kann eine Frau nie wieder schwanger werden.
  Stimmt nicht. Ein Abbinden der Eileiter (Tubenligation) ist eine Methode der Empfängnisverhütung. Aber sie ist nicht 100-prozentig sicher, weil eine von 300 Operationen nicht glückt.

nach dem, wie lange Sie sich schon ein Kind wünschen und was Sie schon unternommen haben, kann der Weg zum Wunschkind mühsam sein und von Erwartungszwängen und Minderwertigkeitsgefühlen begleitet werden.

Wenn keine organischen oder stoffwechselbedingten Ursachen für die Unfruchtbarkeit gefunden werden, kann die psychische Belastung zunehmen, allerdings kann auch das Wissen darum, dass eigentlich alles in Ordnung ist, dabei helfen, schwanger zu werden. Bedenken Sie immer wieder: Auch wenn beide Partner gesund und fruchtbar sind, ist die Wahrscheinlichkeit, in einem Zyklus schwanger zu werden, nicht höher als 20 bis 25 Prozent, und nur 50 Prozent aller Frauen mit Kinderwunsch werden innerhalb von sechs Monaten schwanger. Die Wahrscheinlichkeit ist übrigens umso höher, je besser Sie Ihren Zyklus kennen und entsprechend an den fruchtbaren Tagen alle zwei Tage Geschlechtsverkehr haben.

Liegen die Fruchtbarkeitsprobleme bei der Frau?

Im deutschen Sprachgebrauch wird unterschieden zwischen Frauen, die wiederholt schwanger wurden, aber die Schwangerschaft nicht austragen können, und solchen, die nie schwanger geworden sind. Frauen, die zwar schwanger werden, aber keine Kinder austragen können, werden als infertil bezeichnet, Frauen, die gar nicht erst schwanger werden können, bezeichnet man als steril.

Bei Sterilitätsproblemen der Frau lautet die erste Frage: Findet regelmäßig ein Eisprung statt, und wenn ja, wann? Um diese Frage zu beantworten, können Sie selbst aktiv werden. Beobachten Sie einige Monate lang Ihren Zyklus und messen Sie regelmäßig Ihre Basaltemperatur. Die Ergebnisse Ihrer Beobachtungen tragen Sie in eine Tabelle ein (siehe Anhang S. 132). Eine solche Übersicht ist eine wichtige Grundlage für den Arzt, der auf dieser Basis weitere Untersuchungen planen kann (siehe auch Messen der Basaltemperatur, S. 38).

Stimmt der weibliche Hormonmix?

Viele Frauen, deren Kinderwunsch nicht in Erfüllung geht, haben hormonelle Störungen. Schon kleinste Abweichungen können den gesamten Hormonstoffwechsel derart durcheinander bringen, dass der Eisprung gestört oder unregelmäßig und eine Schwangerschaft nicht möglich ist. Eine medikamentöse Behandlung ist bei Hormonstörungen oft erfolgreich.

Bei der so genannten Gelbkörperschwäche (Lutealinsuffizienz) bilden die Hüllzellen des gesprungenen Eibläschens in der zweiten Zyklushälfte nicht genügend Gelbkörperhormon (Progesteron). Die Symptome, die mit dieser Störung einhergehen, sind ein verkürzter Zyklus – das heißt eine verkürzte zweite Zyklushälfte – bei regelmäßigem Eisprung. Hinweise auf eine Gelbkörperschwäche geben die Basaltemperaturkurve sowie eine Hormonuntersuchung des Blutes in der zweiten Zyklushälfte.

Als Behandlung ist eine hormonelle Unterstützung der Follikelreifung sinnvoll. Die Behand-

An mir Kann's nicht liegen! Schließlich hatte ich schon zwei Abtreibungen!!
An mir erst recht nicht! Meine Erektion ist erstklassig!!
F.B.

lung hat das Ziel, dass eine befruchtungsfähige Eizelle heranreift, die Frau einen Eisprung bekommt und die Eizelle durch einen normalen Geschlechtsverkehr befruchtet werden und sich einnisten kann. Eine hormonelle Stimulation kann allerdings dazu führen, dass mehrere Eizellen gleichzeitig heranwachsen, die bei einem Geschlechtsverkehr auch befruchtet werden können. So kann es zu einer unerwünschten Mehrlingsschwangerschaft kommen. Um dies zu verhindern, werden die Hormongaben sorgfältig überwacht. Mit der Ultraschalluntersuchung lassen sich Größe und Anzahl der Eibläschen bestimmen, entsprechend werden weitere Hormongaben dosiert. Kommt es bei einer einfachen Stimulation dennoch zur Heranreifung von mehr als drei Follikeln, wird der Arzt die Behandlung in diesem Zyklus abbrechen, keinen Eisprung herbeiführen und das Paar bitten, auf ungeschützten Geschlechtsverkehr zu verzichten. Sonst besteht die Gefahr einer unerwünschten Mehrlingsschwangerschaft.

Leichte Schilddrüsenunterfunktionen beeinträchtigen zwar nicht das Wohlbefinden und machen auch nicht krank, können aber der Grund für einen unerfüllten Kinderwunsch sein.

Leichte Schilddrüsenunterfunktionen sind in jodarmen Gegenden sehr verbreitet. Es muss sich nicht einmal um eine ausgeprägte Störung handeln, sondern schon eine grenzwertige Minderfunktion kann den Hormonstoffwechsel empfindlich durcheinander bringen und zur Unfruchtbarkeit führen. Eine so genannte latente Hypothyreose kommt bei mehr als zehn Prozent aller sterilen Frauen vor. Sie kann durch eine Blutuntersuchung festgestellt werden und wird dann meist vom Internisten behandelt.

Eine Störung der Hirnanhangsdrüse (Hypophyse) bringt das feinabgestimmte Hormonzusammenspiel durcheinander. Die Funktion der Hirnanhangsdrüse kann durch Stress, ungesunde Gewichtsverminderung, durch Magersucht oder Bulimie oder intensiven Leistungssport sowie durch Tumore gestört werden. Als Therapie sollten möglichst die Ursachen beseitigt werden: das heißt der Stress vermindert, die Essgewohnheiten umgestellt bzw. ein Tumor entfernt werden.

Wenn junge Frauen die gleichen Symptome wie in den Wechseljahren haben, und zwar Hitzewallungen, Schweißausbrüche, trockene Schleimhäute, psychische Verstimmungen bis hin zur Depression, und wenn die Menstruation ausbleibt, sind dies Anzeichen für den vorzeitigen Ausfall der Eierstöcke: Bei jeder Frau stellen die Eierstöcke ab einem bestimmten Alter ihre Tätigkeit ein. Dieser Vorgang ist ganz natürlich. Tritt dies jedoch vor dem 40. Lebensjahr auf, dann handelt es sich um so genannte vorzeitige Wechseljahre. Von diesem Problem ist etwa ein Prozent aller Frauen betroffen. Gelegentlich tritt diese Erkrankung nur vorübergehend auf. Eine Stimulation der Eierstöcke mit hohen Hormondosen kann manchmal zum Erfolg führen, ist jedoch nur im Ausnahmefall sinnvoll. Junge Frauen, deren Eierstöcke nicht richtig arbeiten, können medizinisch mit Hilfe einer Eizellspende schwanger werden, allerdings ist dies in Deutschland nicht erlaubt.

Schon eine leichte Überproduktion männlicher Hormone (Testosteron) stört den hormonellen Regelkreis der Frau empfindlich. Bei ungefähr einem Drittel aller Frauen mit unregelmäßiger Menstruation ist ein erhöhter Spiegel männlicher Hormone auch die Ursache dafür, dass kein Eisprung stattfindet. Symptome dieser Störung sind vermehrte Behaarung an für Frauen untypischen Stellen, die oft zusammen mit Akne auftritt. Da Frauen mit erhöhten männlichen Hormonen oft übergewichtig sind, kann eine konsequente Gewichtsabnahme allein den hormonellen Regelkreis wieder ins Gleichgewicht bringen. Falls das nicht hilft, wird der Arzt nach genauerer Untersuchung eine medikamentöse Therapie vorschlagen.

Das PCO-Syndrom, das Syndrom der polyzystischen Ovarien, geht ebenfalls oft einher mit einer Überproduktion von männlichen Geschlechtshormonen. Polyzystisch heißt „viele Zysten", und damit wird der Zustand der Eierstöcke beschrieben. Diese so genannten Zysten sind jedoch keine echten Zysten, sondern es handelt sich hierbei um viele kleine Eibläschen, die nicht heranreifen können und vorzeitig verkümmern. Im Ultraschall sind sie gut erkennbar. Das Heranreifen der Follikel wird durch den erhöhten Anteil männlicher Hormone verhindert. Das PCO-Syndrom kann oftmals hormonell behandelt werden mit dem Ziel, regelmäßige Menstruationen herbeizuführen und einen Eisprung auszulösen.

Bei einem Großteil der Sterilitätspatientinnen mit einem normalen Zyklus ist das Hormon Prolaktin erhöht. Üblicherweise wird es vermehrt in der Stillzeit gebildet und unterstützt dann die Milchproduktion. Bekanntermaßen tritt während der Stillzeit seltener ein Eisprung auf. Prolaktin ist auch ein bekanntes Stresshormon, welches unter körperlicher oder seelischer Belastung ansteigt. Wenn die Erhöhung des Prolaktins also Folge einer erhöhten Stressbelastung ist, sollte die Ursache hierfür beseitigt werden. Ein erhöhter Prolaktinwert kann aber auch noch andere Gründe haben, die nur der Arzt feststellen kann. Es gibt eine ganze Anzahl von Medikamenten, meist solche, die auch zum Abstillen gegeben werden können, welche die Prolaktinproduktion senken können.

Wenn der Eitransport behindert ist

Meist sind ein Verschluss oder die Funktionsuntüchtigkeit der Eileiter entweder auf das gutartige Wuchern der Schleimhaut (Endometriose) zurückzuführen oder auf Infektionen. Häufig verkleben oder vernarben die Eileiter nach einer Infektion derart, dass den Spermien der Weg zur Eizelle versperrt ist und die Eizelle nicht in die Gebärmutter gelangen kann (siehe auch S. 79).

Ob eine organische Störung der Eileiter oder der Gebärmutter vorliegt und welche Ausmaße die Störung hat, kann der Arzt bei einer Bauchspiegelung feststellen.

Das Endometrium ist die Gebärmutterschleimhaut, die während eines Zyklus, aufgebaut und bei der Menstruation abgestoßen wird. Unter Endometriose versteht man das gutartige Wachstum von Gebärmutterschleimhaut auch außerhalb der Gebärmutter. Die Schleimhaut bildet kleine Nester oder Zysten in der Gebärmuttermuskulatur, an den Eierstöcken, den Eileitern oder anderen Beckenorganen.

Die Endometrioseherde machen die gleichen Veränderungen durch wie die normale Gebärmutterschleimhaut: Sie wachsen zyklisch, entwickeln sich, als ob sie sich in der Gebärmutter befänden, und werden bei der Menstruation abgestoßen.

Eine Endometriose ist die häufigste gynäkologische Erkrankung, die sich meist durch Schmerzen bemerkbar macht, die hauptsächlich bei der Monatsblutung, typischerweise zwei bis drei Tage vor Blutungsbeginn einsetzen. Die an sich gutartige Erkrankung kann für Frauen mit unerfülltem Kinderwunsch Ursache für die Unfruchtbarkeit sein, besonders wenn die Eileiter betroffen sind: Diese können durch die Schleimhautwucherungen verkleben, vernarben und blockiert werden.

Je nachdem wo und wie stark sich die Endometriose auswirkt, ist eine medikamentöse oder operative Therapie oder eine Kombination aus beiden notwendig. Bei einer Bauchspiegelung kann der Arzt die Endometrioseherde und Vernarbungen erkennen und gegebenenfalls direkt endoskopisch entfernen, um die Eileiter wieder durchlässig zu machen.

Liegen die Fruchtbarkeitsprobleme beim Mann?

Kinderlosigkeit ist zunehmend durch männliche Unfruchtbarkeit bedingt: Seit einigen Jahrzehnten ist die männliche Fruchtbarkeit in der westlichen Welt rückläufig.

Nicht immer liegt eine Erkrankung vor, wenn sich der ersehnte Kinderwunsch nicht erfüllt. Auch bei Männern können sich ein ungesunder Lebenswandel wie Rauchen, Stress, Übergewicht, übermäßiger Alkohol- und Kaffeekonsum sowie die zunehmenden Umweltbelastungen auf die Fruchtbarkeit auswirken (siehe auch S. 57 ff.). In Fertilitätszentren (Adressen siehe Anhang ab S. 136) erhalten Sie weitere Informationen auch über Spezialisten für männliche Fruchtbarkeitsstörungen (Andrologen).

Störungen bei der Spermienreifung

Wenn nicht unmittelbar nach der Geburt die Hoden in den Hodensack wandern, sondern in der Leiste oder im Bauchraum verbleiben, kommt es zu Störungen der Spermienreifung. Spermien benötigen eine Umgebungstemperatur von etwa 32 °C für ihre Reifung. Bei der normalen Körpertemperatur von etwa 36 °C können Spermien nicht gesund reifen. Enge Kleidung, die die Hoden nah an den Körper presst, trägt zur Erhöhung der Hodentemperatur bei. Weite und bequeme Hosen sind für die Fruchtbarkeit des Mannes optimal. Die Beeinträchtigung der Spermienreifung kann auch durch Medikamente verursacht werden.

Störungen des Spermientransports

Es kommt vor, dass ein Mann zwar ausreichend Samenzellen bilden kann, diese aber nicht in den Körper der Frau gelangen. Verklebte Nebenhodengänge oder Samenleiter infolge von Entzündungen, Infektionen oder Vernarbungen können den Weg der Spermien versperren. Entzündungen der Samenwege verlaufen häufig unbemerkt und werden oft durch eine Chlamydieninfektion verursacht, die durch eine Urinuntersuchung aber erkannt werden kann.

Angeborene oder durch Entzündung oder Verletzung entstandene Verschlüsse der Samenwege kann man bei etwa der Hälfte der Betroffenen durch eine mikrochirurgische Operation wieder öffnen und damit die Zeugungsfähigkeit des Mannes operativ wiederherstellen.

Für den Fall, dass die Samenwege nicht wieder durchlässig gemacht werden können, die Samenproduktion aber nicht eingeschränkt ist, können auf chirurgischem Weg Samen unmittelbar aus den Nebenhoden oder dem Hoden- oder Nebenhodengewebe gewonnen werden, um diese Samenzellen für eine künstliche Befruchtung zu verwenden (siehe S. 106).

Störungen der Spermienfunktion

Die häufigste Störung der männlichen Fruchtbarkeit ist die unzureichende Produktion voll funktionsfähiger, gut beweglicher Spermien. Die durchschnittliche Qualität des Ejakulats enthält über 20 Millionen Spermien pro Milliliter Sperma. Davon sollten 35 Prozent normal geformt und 50 Prozent gut beweglich sein. Werden diese Werte nicht erreicht, ist die Zeugungsfähigkeit des Mannes eingeschränkt.

Spermauntersuchungen

Die wichtigste Untersuchung, um die Zeugungsfähigkeit des Mannes einzuschätzen, ist die mikroskopische Untersuchung des Ejakulats, das Spermiogramm. Da der Reifeprozess der Samenzellen zehn bis elf Wochen dauert und von vielen Faktoren abhängt, kann es durchaus möglich sein, dass die Spermienuntersuchungen zu verschiedenen Zeitpunkten sowohl qualitativ als auch quantitativ erheblich voneinander abweichen. Bei Spermienproblemen sollte das Ejakulat daher mindestens zweimal im Abstand von einigen Wochen analysiert werden.

Der Samen wird dazu durch Masturbation (nach mindestens fünftägiger sexueller Enthaltsamkeit) gewonnen und im Labor analysiert. Die Spermienuntersuchung ist umso aussagekräftiger, je frischer das Ejakulat ist. Viele Männer haben allerdings Schwierigkeiten, auf Abruf in einer Praxis zu masturbieren. In solchen Fällen erhalten sie ein steriles Gefäß und werden gebeten, ihr Ejakulat so frisch wie möglich ins Labor zu bringen: Das Ejakulat darf nicht austrocknen und muss bei Abgabe Körpertemperatur haben. Im Labor wird die Anzahl, die Beweglichkeit und das Aussehen der Spermien beurteilt. Ob die Spermien die Ursache der Kinderlosigkeit sind, kann nur aus der Summe der Untersuchungen von Qualität und Quantität der Spermien ermittelt werden. Eine niedrige Spermienanzahl im Ejakulat allein ist daher nicht mit Sterilität gleichzusetzen.

Vorzeitiger Samenerguss

Das „vorzeitig" beim Samenerguss bezieht sich auf die Partnerin, weil sie in so kurzer Zeit oft nicht den Orgasmus erreicht und unbefriedigt bleibt, während der Mann den Höhepunkt durchaus erlebt – allerdings häufig negativ, da es ihm selbst viel zu schnell ging und er sich nicht seiner Partnerin anpassen konnte.

Der vorzeitige Samenerguss (Ejaculatio praecox) ist eine häufige Ejakulationsstörung, bei der der Samenerguss entweder schon vor dem Einführen des Penis in die Scheide (ante portas) eintritt oder sofort danach.

Fast jeder Mann wird schon einmal einen vorzeitigen Samenerguss erlebt haben oder gelegentlich erleben. Dies ist völlig normal und hat viel mit der Umgebung, Stimmung und Anspannung in der jeweiligen Situation zu tun. Zum Problem wird das nur, wenn ein vorzeitiger Samenerguss in der Mehrzahl der sexuellen Kontakte auftritt und der Mann bei einem Kinderwunsch nicht in der Lage ist, tief in die Vagina zu ejakulieren. Spätestens wenn das vorzeitige Ejakulieren Ihren Kinderwunsch behindert, sollten Sie einen Arzt aufsuchen.

Stimmt der männliche Hormonmix?

Bei hormonellen Störungen des Mannes wird oft ein Testosterondefizit festgestellt. Der Mangel an männlichen Geschlechtshormonen äußert sich nicht nur durch Unfruchtbarkeit, sondern zeigt sich meist auch in der Abnahme der allgemeinen Leistungsfähigkeit, des Sexualantriebs und Abnahme der Erektionshäufigkeit. Hormonstörungen können durch eine Blutuntersuchung erkannt und je nach zugrunde liegender Störung oftmals erfolgreich behandelt werden.

Immunologische Probleme

Normalerweise produziert jeder Mensch Stoffe (Antikörper), mit denen sich der eigene Körper gegen körperfremde Substanzen und Keime wie Bakterien wehren kann. Wenn dieser Mechanismus entgleist, können sich die Antikörper allerdings auch gegen eigenes Körpergewebe oder die Keimzellen des Partners richten. Warum dies geschieht, ist nicht bekannt. Möglicherweise begünstigen aber Infektionen, Operationen, Medikamente oder auch psychische Krisen diese Entgleisung.

Etwa jeder siebte sterile Mann bildet Antikörper, die seine eigenen Spermien angreifen. Ein Hinweis auf eine solche Überreaktion sind weiße Blutkörperchen im Sperma.

Auch bei Frauen kommt es vor, dass der Körper eigene wie auch fremde Keimzellen angreift und zerstört. Falls der Körper einer Frau seine eigenen Eizellen zerstört, kann gegebenenfalls eine Eizellspende zur Schwangerschaft führen – allerdings sind in Deutschland Eizellspenden nicht erlaubt.

Auch kommt es vor, dass sich bei Frauen im Zervixschleim so viele Antikörper gegen Spermien finden, dass diese abgetötet oder in ihrer Beweglichkeit erheblich eingeschränkt werden. Es können dann keine Samen die Zervixschleimbarriere passieren und in die Eileiter gelangen – eine Befruchtung bleibt dann aus.

Der Postkoitaltest

Um die Spermiendurchlässigkeit des Zervixschleims zu prüfen, wird der so genannte Postkoitaltest gemacht. Der Test wird kurz vor dem Eisprung der Frau durchgeführt, weil dann der Zervixschleim normalerweise ein optimales Klima für das Überleben von Spermien bietet. Der Arzt entnimmt etwa sechs bis zwölf Stunden nach dem Geschlechtsverkehr mit einer Pipette aus dem Zervixkanal ein Gemisch aus Zervixsekret und Samenflüssigkeit und untersucht dieses mikroskopisch auf Anzahl, Beweglichkeit und Überlebensfähigkeit der Spermien. Sind alle Voraussetzungen erfüllt – die Ovulation steht kurz bevor, das Paar hatte innerhalb der vergangenen zwölf Stunden Geschlechtsverkehr, die Ejakulation hat tief in der Scheide stattgefunden –, sollte der Arzt zumindest einige bewegliche Spermien im Zervixschleim feststellen können. Falls kaum oder keine Spermien im Sekret zu finden sind, kann dies unter anderem folgende Gründe haben:

- Der Zeitpunkt ist falsch gewählt: Die Spermien konnten nicht in die Schleimhaut eindringen, da der Zervixschleim nur zur Zeit des

Eisprungs für die Spermien durchdringbar ist.

- Es hat kein Eisprung stattgefunden: Wenn kein Eisprung stattfindet, bleibt der Östrogenanstieg aus und der Zervixschleim bietet kein gutes Klima zum Überleben der Samenzellen.
- Es sind überhaupt keine Spermien nachweisbar: Die schwerwiegendste Störung wäre das völlige Fehlen von Samenzellen in der Samenflüssigkeit, was auf einem Problem beim Spermientransport beruhen kann.
- Es besteht eine Unverträglichkeit zwischen Sperma und Zervixschleim: Falls die Spermien im Zervixschleim abgetötet werden, kann man von einer Unverträglichkeit zwischen Sperma und Zervixschleim ausgehen.

Ursachen von Fortpflanzungsstörungen

Mann	Frau
• Alter	• Alter
• hormonelle Störungen	• hormonelle Störungen • Eisprungprobleme
• unzureichende Spermaqualität (geringe Anzahl, mangelhafte Beweglichkeit, Deformationen) • Schädigungen des Hodengewebes und der ableitenden Samenwege • Infektionen der Samenwege	• fehlende, verschlossene oder unbewegliche Eileiter aufgrund von Infektionen • Narben oder Endometriose
• Allgemeinerkrankungen (zum Beispiel Diabetes)	• Allgemeinerkrankungen (zum Beispiel Diabetes)
• psychosomatische Störungen (zum Beispiel Stress)	• psychosomatische Störungen (zum Beispiel Stress)
• Zigaretten, Alkohol und andere Drogen	• Zigaretten, Alkohol und andere Drogen
• Antikörperbildung gegen eigene Spermien	• Antikörperbildung gegen Spermien • Unverträglichkeit des Gebärmutterhalssekretes mit den Spermien • Antikörperbildung gegen eigene Keimzellen

8. Der Fruchtbarkeit auf die Sprünge helfen

Nach eingehender Untersuchung wird Sie der Arzt nicht nur über die verschiedenen medizinischen Techniken informieren und konkrete Vorschläge machen, welche Verfahren die größte Aussicht auf Erfolg haben, sondern er wird auch die damit verknüpften moralischen, und finanziellen Fragen ansprechen.

Falls Ihr Kinderwunsch auf natürlichem Wege nicht realisiert werden kann, das heißt wenn alle therapeutischen Maßnahmen ausgeschöpft sind und Sie dennoch auf natürlichem Weg nicht schwanger werden, können Sie die Hilfe der assistierten Reproduktion in Anspruch nehmen.

Wie der Name schon andeutet, hilft Ihnen die moderne Medizin bei der Fortpflanzung. Nicht immer bedeutet allerdings assistierte Reproduktion auch eine künstliche Befruchtung. Je nachdem welche Schwierigkeiten und Hindernisse vorliegen, bieten sich unterschiedliche Möglichkeiten an, doch noch ein Kind zu bekommen.

Der Weg zum Wunschkind kann physisch und psychisch sehr belastend sein. Wichtig ist es, dass beide Partner eine möglichst genaue Vorstellung von den Anforderungen, dem Zeitaufwand, den Erfolgsaussichten sowie den Aus- und Nebenwirkungen der Behandlung bekommen. Eine Sterilitätsbehandlung erfordert wegen der hohen Belastungen immer eine intakte, vertrauensvolle und belastbare Partnerschaft – und natürlich das Einverständnis beider Partner zur assistierten Reproduktion.

Verschiedene reproduktionsmedizinische Zentren haben sich auf die Beratung, Diagnose und die Therapie von Unfruchtbarkeit spezialisiert (Adressen siehe Anhang S. 136). Die Erfolge, mit Hilfe reproduktionsmedizinischer Unterstützung schwanger zu werden, hängen von der Schwere und der Art der Fruchtbarkeitsstörung sowie vom Alter der Frau ab. So haben zum Beispiel Frauen, deren Eisprung nicht oder unregelmäßig stattfindet, eine 85-prozentige Chance, mit medizinischer Unterstützung schwanger zu werden. Durchschnittlich entspricht die Erfolgsrate der der natürlichen Zeugung. Von etwa 100 Paaren, die auf natürlichem Wege keine Kinder zeugen können, werden mit Hilfe der assistierten Reproduktion innerhalb eines Jahres etwa 20 bis 25 Paare schwanger.

Wunschkinder nach Maß?

Die Medizintechnik macht heute fast alles möglich: Selbst Paare, die weder die weibliche noch die männliche Keimzelle zur Befruchtung selbst beigesteuert haben, können Kinder bekommen, denn Eizellen wie Samenzellen sind heute auf Jahre hinaus konservierbar und sogar käuflich zu erwerben. Kranke Frauen können ihre Eizellen während einer medikamentösen Behandlung auslagern und sie sich nach erfolgreicher Behandlung wieder einsetzen lassen, Männer können in gesunden Zeiten ein „Spermienlager" anlegen, auf das sie später zurückgreifen können – den technischen Möglichkeiten sind kaum noch Grenzen gesetzt.

Mit neuen Technologien lassen sich sowohl Geschlecht als auch Erbanlagen einer außerhalb des Körpers befruchteten Eizelle überprüfen, bevor sie in die Gebärmutter eingesetzt wird. Der Weg zum „perfekten Kind" ist gebahnt. Auf die Erfindung der Antibabypille, die den Paaren in den siebziger Jahren Sex ohne Fortpflanzung verschaffte, ist kurze Zeit später die Fortpflanzung ohne Sex im Labor gefolgt. Samen- und Eizellbanken bieten eine umfangreiche Auswahl an Keimzellen an, samt ausführlicher Beschreibung ihrer Spender und Spenderinnen, deren Hautfarbe, Beschaffenheit der Haare, Konfession, Intelligenzquotient und Karrierechancen. Alles ist möglich, aber nicht alles ist erlaubt!

Die gesetzlichen Regelungen

Die erlaubten Verfahren der Reproduktionsmedizin sind in Deutschland im Embryonenschutzgesetz (ESchG) festgelegt. Dort ist zum Beispiel die Eizellspende wie auch die Leihmutterschaft verboten. Nicht erlaubt ist ebenso die Untersuchung der künstlich befruchteten Eizelle zum Zwecke der Geschlechtsbestimmung.

Neue Begriffe im Zusammenhang mit der Elternschaft werden notwendig. Es gibt nicht mehr nur die Eltern, die Adoptiveltern und die Pflegeeltern, hinzu kommen jetzt auch die biologischen und die genetischen Eltern, wie auch die Leihmütter. Viele ethische Fragen sind noch nicht beantwortet und die gesetzlichen Regelungen hinken den technischen Möglichkeiten weit hinterher.

Menschen interessieren sich seit jeher dafür, die Schöpfung selbst in die Hand zu nehmen. Mit der künstlichen Befruchtung eines Hundes hat alles angefangen. Der entscheidende Durchbruch gelang allerdings erst in der zweiten Hälfte des 20. Jahrhunderts mit der rasanten Entwicklung der Reproduktionsmedizin.

Die assistierte Reproduktion

Die Entwicklungen auf dem Gebiet der assistierten Reproduktion haben in den vergangenen Jahren zu sensationellen Ergebnissen geführt: Die Befruchtung muss nicht mehr der Natur überlassen werden, denn heute schon kann man Spermien operativ aus den Nebenhoden entnehmen, eine Samenzelle isolieren und diese mit einer Mikrokanüle unter dem Mikroskop direkt in die Eizelle injizieren.

Vor jeglicher Therapie im Rahmen der assistierten Reproduktion ist der behandelnde Arzt dazu verpflichtet, zu prüfen, ob für das Kindeswohl eine ausreichend stabile Beziehung zwischen den Partnern besteht: Eine In-vitro-Fertilisation ist nur bei Ehepaaren erlaubt, Ausnahmen sind nur nach Anrufung der IVF- Kommission der Ärztekammer zulässig.

Die instrumentelle Samenübertragung sowie das gezielte Einsetzen von Keimzellen und befruchteten Eizellen in den Eileiter oder die Gebärmutter sind mittlerweile zur Routine geworden.

Bei der künstlichen Befruchtung unterscheidet man grundsätzlich zwischen der

- Befruchtung im Körper:
  intrazervikale (in den Gebärmutterhals), intrauterine (in die Gebärmutter) oder intratubare (in die Eileiter) Insemination; intratubarer Gametentransfer (GIFT, Einsetzen von Ei und Spermien in den Eileiter).
- Befruchtung außerhalb des Körpers:
  In-vitro-Fertilisation (Zusammenführen von Ei- und Samenzelle im Reagenzglas); intratubarer Zygotentransfer (ZIFT, Einsetzen eines befruchteten Eis in den Eileiter).

Insemination

Das Prinzip der Insemination besteht in dem künstlichen Einbringen des männlichen Samens in den Genitaltrakt der Frau. Der weitere Transport zur Eizelle und die Befruchtung selbst müssen selbständig erfolgen.

Eine Insemination mit dem Samen des Ehemannes kommt in Frage, wenn zum Beispiel wegen männlicher Fruchtbarkeitsstörungen kei-

Nur weil du Künstlich befruchtet wirst, brauchst du nicht 1 Jahr vorher den absoluten Schongang einlegen!..
F.B.

ne Spermien im Ejakulat zu finden sind. Falls den Hoden oder Nebenhoden Spermien entnommen werden konnten, werden diese in den weiblichen Genitaltrakt eingebracht, um die Eizelle auf möglichst natürliche Weise im weiblichen Körper zu befruchten. Hierbei ist vor allem der richtige Zeitpunkt wichtig: Die Spermien werden kurz vor dem Eisprung im Gebärmutterhals (intrazervikal), der Gebärmutter (intrauterin) oder den Eileitern (intratubar) deponiert.

Die Insemination ist das einfachste und am wenigsten körperlich belastende Verfahren der künstlichen Befruchtung. Man unterscheidet grundsätzlich die homologe Insemination (Artificial insemination, husband = AIH), die mit dem Sperma des Ehemannes durchgeführt wird, und die heterologe Insemination (Artificial insemination, donor = AID), wobei der Spendersamen eines anderen Mannes verwendet wird, der in Absprache mit dem Paar vom behandelnden Frauenarzt bei einer Samenbank angefordert wird.

Bei der Kappeninsemination werden die Spermien mit einer speziellen Kappe direkt vor dem Muttermund plaziert. Dies soll zu einer besseren Aufnahme in die Gebärmutter führen und die Spermien vor dem möglicherweise ungünstigen Milieu der Scheide schützen. Das Ejakulat wird so frisch wie möglich in eine Kappe gegeben, die durch Erzeugung eines Unterdrucks am Gebärmutterhals fixiert wird. Ein bis zwei Stunden später wird die Kappe von der Frau selbständig entfernt.

Bei der intrazervikalen Insemination (ICI) werden die Spermien in den Gebärmutterhals eingespritzt. Man erhofft sich durch die Abkürzung des Weges, den die Spermien zurücklegen müssen, eine verbesserte Befruchtungsrate.

Zur intrauterinen Insemination (IUI) bzw. intratubaren Insemination (ITI) werden die Spermien direkt in die Gebärmutter bzw. den Eileiter eingespritzt. Dazu müssen die Spermien allerdings speziell aufbereitet werden: Die beweglichen Spermien werden konzentriert und störende Substanzen aus dem Ejakulat beseitigt. Auch hierbei wird durch eine weitere Verkürzung des Weges, den die Spermien zurücklegen müssen, eine höhere Befruchtungs- und Schwangerschaftsrate erwartet. Eine Insemination in die Gebärmutter oder den Eileiter wird fast immer in Kombination mit einer hormonellen Stimulation der Eierstöcke durchgeführt, um die Chancen auf eine Befruchtung zu erhöhen.

Bevor eine Insemination erfolgt, wird der Zyklus der Frau überwacht, um den optimalen Befruchtungstermin herauszufinden. Gegebenenfalls wird die Eizellreifung stimuliert, damit mindestens eine Eizelle richtig heranreift. Sobald die Zahl der Eibläschen, deren Größe und Hormonwerte die gewünschten Ergebnisse aufweisen, ausreichend ist, wird der Eisprung mit einem speziellen Medikament (humanes Chorion-Gonadotropin, hCG, siehe S. 127) ausgelöst.

Da der Eisprung etwa 16–36 Stunden nach der Injektion dieses Medikaments stattfindet, wird das Paar für den nächsten oder übernächsten Tag wieder in die Praxis bestellt. Wird frisches Ejakulat verwendet, muss dieses vor der Verabreichung aufbereitet werden (Dauer etwa ein bis zwei Stunden). Erst dann wird die eigentliche Insemination durchgeführt, die sich nur unwesentlich von der Abnahme eines Abstrichs unterscheidet. Auf einem gynäkologischen Untersuchungsstuhl wird mit einem Spekulum der Gebärmutterhals so eingestellt, dass man die Öffnung des Zervixkanals gut einsehen kann. Nun werden die Spermien mit einem weichen, flexiblen Schlauch langsam am gewünschten Ort deponiert. Anschließend bleibt die Frau noch einige Minuten liegen.

Eine Insemination kann natürlich nur zum Erfolg führen, wenn sie um den Eisprung herum erfolgt.

Die Chancen, durch eine Insemination schwanger zu werden, hängt sehr stark von den Gründen ab, die zu dieser Therapie geführt haben. Bei eingeschränkter Samenqualität wird der Erfolg maßgeblich von der Anzahl der Spermien beeinflusst, die in die Gebärmutter gespritzt wurden. Pro Zyklus ist von einer Erfolgsrate von 5 bis 15 Prozent auszugehen. Dabei sei noch einmal darauf hingewiesen, dass auch unter optimalen natürlichen Voraussetzungen die Wahrscheinlichkeit einer Schwangerschaft in einem Zyklus nicht größer ist als 20 bis 25 Prozent.

Risiken: Wird die Eizellreifung hormonell stimuliert, kann es zur Überstimulation kommen. Dann sind gleichzeitig mehrere Eizellen sprungreif und können auch befruchtet werden. Die Gefahr von unerwünschten Mehrlingen kann durch eine Ultraschalluntersuchung vor der Insemination eingegrenzt werden. Besteht die Gefahr einer Mehrlingsschwangerschaft, wird der verantwortungsvolle Arzt die Behandlung in diesem Zyklus abbrechen und keine Insemination vornehmen.

Juristische Fragen: Vom medizinischen Standpunkt aus ist die Insemination eine Routinebehandlung, gegen die ethisch und juristisch keine Bedenken bestehen – vorausgesetzt, das Sperma stammt vom Lebenspartner. Dagegen ist die Verwendung von Spendersamen, die so genannte heterologe Insemination (AID), nach wie vor heftig umstritten und wird nur von wenigen gynäkologischen Praxen und Kliniken durchgeführt. Ein Grund dafür ist die unklare Rechtslage: Ist der behandelnde Arzt, falls es zu einer Vaterschaftsklage kommt, verpflichtet, den Spender zu nennen, oder kann er gar selbst zur Zahlung der Unterhaltskosten herangezogen werden, wenn kein leiblicher Vater ermittelt werden kann?

Wie werden Spermien gewonnen?

Für eine künstliche Befruchtung werden Spermien benötigt. Im einfachsten Fall muss ein Mann, dessen Spermien für eine künstliche Befruchtung verwendet werden, in einer Arztpraxis oder im Krankenhaus, wo die künstliche Befruchtung vorgenommen wird, masturbieren, um so an frisches Ejakulat zu gelangen. Er kann aber auch ein gereinigtes, keimfreies Laborglas fürs Ejakulat mit nach Hause nehmen, das er sobald wie möglich nach der Gewinnung ins Labor zurückbringen sollte. Je frischer dieses Ejakulat ist, wenn es dem Labor vorliegt, um so mehr aktive Spermien lassen sich darin finden.

Falls nur einzelne oder keine Samenfäden im Ejakulat zu finden sind, zum Beispiel bei Samenleiterverschlüssen oder nach Tumoroperationen, lassen sich oft befruchtungsfähige Spermien im

... das Ejakulat dann bitte sofort auf Zimmer 170! Ihre Frau ist dort schon präpariert...
BABYS 1. JAHR
ICH WERDE MUTTI

Nebenhoden oder Hoden nachweisen. Bei einem ambulant durchgeführten operativen Eingriff kann der Urologe Samenfäden aus dem Nebenhoden (MESA = mikrochirurgische epididymale Spermatozoen-Aspiration) oder durch Hodenpunktion (TESE = testikuläre Spermatozoen-Extraktion) entnehmen. In Kombination mit der Möglichkeit der intracytoplasmatischen Spermieninjektion (siehe S. 111), bei der es weder auf die Anzahl der Spermatozoen noch auf ihre Beweglichkeit ankommt, sind MESA und TESE als effiziente Techniken zur Überwindung männlicher Infertilität anzusehen.

Die Samenaufbereitung

Die gute Kooperation zwischen den beteiligten reproduktionsmedizinischen Fachabteilungen – Urologie, Gynäkologie, Innere Medizin, Humangenetik – ist für den unproblematischen Ablauf der Therapie von großer Wichtigkeit.

Der Samen, der für eine künstliche Befruchtung verwendet wird, muss, egal, ob frisch gewonnen oder per chirurgischem Eingriff in einem Labor aufgearbeitet werden. Samenzellen die von einer Samenbank stammen, haben die notwendige Prozedur schon hinter sich.

Je nachdem, ob die Spermien für eine In-vitro-Befruchtung oder aber für eine Insemination gebraucht werden, werden sie unterschiedlich behandelt. Für die Insemination werden 5 bis 50 Millionen gesunde Spermien, für die In-vitro-Fertilisation nur etwa 100 000 benötigt und für die intracytoplasmatische Spermieninjektion (ICSI) reichen einige wenige Samenzellen.

Da verschiedene Stoffe aus der Samenflüssigkeit die Eizelle bei direktem Kontakt schädigen könnten, werden die Samenzellen für die In-vitro-Fertilisation und die intracytoplasmatische Spermieninjektion von der Ejakulatflüssigkeit getrennt, gewaschen und konzentriert.

Meist werden operativ gewonnene Samenproben nach der Aufbereitung eingefroren und einige hiervon probeweise aufgetaut. Mit der hormonellen Stimulation der Eileiter wird erst dann begonnen, wenn sichergestellt ist, dass ausreichend viele Spermien nach dem Auftauen noch beweglich sind und für die Befruchtung zur Verfügung stehen. Es bestünde sonst die Gefahr, dass die Ehefrau die Hormonstimulation und Eizellgewinnung vergeblich hat durchführen lassen.

Die Gewinnung von frischen Spermien und das Auftauen tiefgefrorener Spermien muss also mit dem Zyklus der Frau genauestens abgeglichen sein.

Wie werden die Eizellen entnommen?

Für intratubaren Gametentransfer und In-vitro-Fertilisation müssen dem Eierstock Eizellen entnommen werden. Nicht jede reife Eizelle lässt sich befruchten, und nicht jede befruchtete Eizelle nistet sich in die Gebärmutter ein. Die Erfolgschancen der Behandlung steigen, wenn es gelingt, mehrere Eizellen in einem einzelnen Zyklus zu gewinnen. Deshalb ist es wünschenswert, wenn für eine In-vitro-Fertilisation mindestens drei bis fünf Eizellen zur Verfügung stehen.

Bei einem solchen Eingriff muss alles gut geplant sein: Zunächst muss dafür gesorgt werden, dass mehrere Eizellen heranreifen. Etwa acht bis zehn Tage nach der Monatsblutung wird mit der Therapie begonnen, indem das Follikelwachstum im natürlichen Zyklus durch Hormongaben stimuliert wird. Durch Ultraschall- und Hormonuntersuchungen wird das Wachstum der

Eibläschen (Follikel) verfolgt. Wenn die Eibläschen eine ausreichende Größe von etwa 16 bis 20 mm aufweisen und die Hormonwerte eine genügende Follikelreifung anzeigen, wird der Eisprung mit der Gabe eines weiteren Hormons eingeleitet. Etwa 16–36 Stunden später sollte dann der Eisprung stattfinden. Die Herausnahme der Follikel (über eine Punktion) findet daher etwa 30 Stunden nach dieser Medikation vaginal ambulant oder stationär unter der Gabe von Beruhigungsmitteln statt. Eine Narkose ist nur selten erforderlich.

Unerwünschte Nebenwirkungen: Da die hormonelle Stimulation der Eizellreifung das Wachstum von mehreren Follikeln zum Ziel hat, ist als mögliche Komplikation eine vorübergehende Zystenbildung an den Eierstöcken unvermeidbar. Ein Eierstock hat normalerweise die Größe einer Walnuss; ausgereifte Follikel erreichen einen Durchmesser von etwa 20 bis 25 mm. Es ist leicht vorstellbar, auf welche Größe die Eierstöcke anschwellen können, wenn sich in ihnen jeweils fünf oder mehr reife Follikel befinden. Die Zysten bilden sich allerdings meistens selbständig zurück.

Der intratubare Gametentransfer (GIFT)

Wenn bei Paaren über mehrere Jahre hinweg aus ungeklärter Ursache eine Schwangerschaft ausgeblieben ist und eine intrauterine Insemination zu keinem Erfolg geführt hat oder wenn die Samen des Mannes von schlechter Qualität sind, wird oft ein intratubarer Gametentransfer (gamete intrafallopian transfer = GIFT) vorgeschlagen.

Voraussetzung dafür ist, dass reife Eizellen und Spermien vorliegen. Die Eizellen werden zusammen mit vielen Samenfäden unmittelbar nach der Eizellgewinnung in einen Eileiter gespült. Die Einspülung in den Eileiter erfolgt über einen dünnen Katheter durch den Muttermund.

Beim intratubaren Gametentransfer wird auf eine Befruchtung in natürlichem Umfeld gehofft. Befruchtung, Teilung, Transport und Einnistung laufen, wenn sich alles wie geplant entwickelt, als natürliche Vorgänge ab.

Voraussetzung für den intratubaren Gametentransfer ist ein offener, unauffälliger Eileiter. Bei etwa 20 bis 25 Prozent der behandelten Frauen kommt es so zu einer Schwangerschaft.

Risiken: Die Wahrscheinlich einer Eileiterschwangerschaft ist allerdings etwa 15fach höher als bei normalen Schwangerschaften (hier etwa 0,75 Prozent). Der Nachteil der Methode besteht darin, dass bei Misserfolg keine Information darüber vorliegt, ob es überhaupt zu einer Befruchtung gekommen ist.

Die In-vitro-Fertilisation (IVF)

In-vitro-Fertilisation (latein.: in vitro = im Glas) ist die wissenschaftliche Bezeichnung für eine Befruchtung im Reagenzglas bzw. in einer Nährlösung außerhalb des Körpers.

Für die In-vitro-Fertilisation (IVF) benötigt der Mediziner ausgereifte Eizellen, die nach einer hormonellen Stimulation dem Eileiter entnommen wurden, und Samenzellen.

Aus den Zahlen des Deutschen IVF-Registers (ein Verzeichnis der IVF-Fälle) geht hervor, dass die IVF-Behandlung bei fast 70 Prozent der Paare zu einer Schwangerschaft führt, wenn (falls erforderlich) konsequent bis zu sechs Versuche in Anspruch genommen werden.

Bis zu acht Eizellen werden mit den Samenzellen in einer Nährlösung zusammengeführt. Wenn eine Samenzelle die Eizelle befruchtet hat, sind

Die Methode, Eizelle und Samenzelle außerhalb des Körpers zur Befruchtung zusammenzubringen, ist so erfolgreich geworden, dass weltweit jährlich mehr als 100 000 In-vitro-Befruchtungen durchgeführt werden.

nach etwa 15 Stunden in der Eizelle zwei Vorkerne sichtbar. Der Nachweis von zwei Vorkernen bedeutet, dass eine Samenzelle in die Eizelle eingedrungen ist. Noch gilt die Eizelle allerdings im juristischen Sinn nicht als befruchtet. Erst nach Verschmelzung der Kerne mit Entstehung eines neuen Zellkerns und neu geordnetem Erbmaterial ist die Befruchtung abgeschlossen.

Am Tag nach der Zusammenführung der Keimzellen muss das Kinderwunschpaar entscheiden, wie es mit den Eizellen verfahren will, in die Samenzellen eingedrungen sind. Der Gesetzgeber hat im Embryonenschutzgesetz festgelegt, dass die Befruchtung bei höchstens drei Eizellen durchgeführt werden darf.

Liegen also mehr als drei Eizellen mit zwei Zellkernen vor, können die überzähligen Eizellen vernichtet oder für eine eventuelle Wiederholung des Behandlungszyklus vorübergehend gefrierkonserviert werden. Maximal drei der Eizellen mit zwei Zellkernen werden dann in einem speziellen, für die Brutpflege geeigneten Medium weiter gepflegt. Sie können nach 48 bis 72 Stunden – meist nach entsprechender hormoneller Stimulation der Gebärmutterschleimhaut – in die Gebärmutter eingesetzt werden.

Das Verfahren der In-vitro-Fertilisation eignet sich für Paare, bei denen es aufgrund ernster organischer Störungen nicht zu einer Schwangerschaft kommen konnte: wenn zum Beispiel die Frau keine funktionsfähigen Eileiter hat, aufgrund einer Endometriose oder Vernarbung die Funktion der Eileiter behindert ist oder der Mann keine beweglichen, befruchtungsfähigen Samenzellen produzieren kann.

Nach einer erfolgreichen Befruchtung außerhalb des Körpers werden ein, zwei oder maximal drei befruchtete Eizellen in die Gebärmutterhöhle oder in die Eileiter (TET, tubarer Embryotransfer) eingespült. Der Transfer der Eizellen findet am zweiten oder dritten Tag nach der Punktion statt und wird ambulant durchgeführt. Die befruchteten Eizellen haben sich zu dieser Zeit bereits ein- oder zweimal geteilt, sind also Zwei- oder Vierzell-Embryonen.

Die technische Durchführung entspricht einer gynäkologischen Untersuchung, bei der ein dünner Katheter schmerzfrei durch den Muttermund in die Gebärmutter eingeführt wird und die Embryonen durch diesen Katheter weit nach oben in die Gebärmutterhöhle gespült werden. Wenn alles wie gewünscht verläuft, teilen sich die Zellen des Embryos weiter, und er nistet sich in die Gebärmutter ein.

Nach dem Embryotransfer kann die Frau die Klinik sofort verlassen. Die befruchteten Eizellen können eingesetzt werden:

- der (genetischen) Mutter mit Kinderwunsch, der das Ei entnommen wurde,
- der (nichtgenetischen) Mutter mit Kinderwunsch, die selbst keine funktionierenden Eizellen produzieren kann und auf ein gespendetes Ei zurückgegriffen hat (= Eizellspende), das mit dem Samen ihres oder eines anderen Mannes befruchtet wurde,
- oder einer Leih- oder Mietmutter, die keine genetische Verwandtschaft zu dem Kind hat und für das Kinderwunschpaar die Schwangerschaft austrägt.

Mit diesem Vorgang der Einspülung der befruchteten Eizelle ist die assistierte Reproduktion abgeschlossen. Der Erfolg der IVF ist etwa 12 bis 14 Tage nach dem Embryotransfer ersichtlich, wenn der hCG-Bluttest zeigt, ob eine Schwangerschaft eingetreten ist. Nach dem Transfer von drei Embryonen bei Patientinnen bis zu einem Alter von etwa 31 Jahren (bei IVF und IVF/ICSI) kann eine Schwangerschaftswahrscheinlichkeit von etwa 30 Prozent pro Behandlungszyklus erwartet werden. Mit zunehmendem Alter nimmt die Konzeptionschance kontinuierlich ab und sinkt auf etwa 20 Prozent bei einem Alter von etwa 36 Jahren. Reagieren bei einer 40-jährigen Patientin die Eierstöcke auf die Stimulationsbehandlung ebenso leicht mit der Ausreifung mehrerer Eibläschen wie zum Beispiel bei der 30-jährigen Patientin, dann unterscheiden sich die Konzeptionschancen zwischen beiden Frauen kaum. Umgekehrt ist natürlich auch die verzögerte und schlechte Reaktion auf die Stimulationsbehandlung bei der jüngeren Frau eher ungünstig für den Eintritt einer Schwangerschaft.

Die Risiken bei einer IVF bestehen in der erhöhten Abortrate, die bei etwa 20 bis 25 Prozent liegt, und bei einem erhöhten Risiko für Eileiterschwangerschaften, die mit etwa fünf Prozent angegeben werden. Auch die Rate der Mehrlingsschwangerschaften ist deutlich erhöht: Zwar sind Drillingsschwangerschaften relativ selten (etwa ein Prozent), allerdings ist bei jeder fünften IVF-Schwangerschaft mit einer Zwillingsschwangerschaft zu rechnen.

Die Mikroinjektion (ICSI)

Bei der intracytoplasmatischen Spermieninjektion (ICSI) handelt es sich um eine Zusatztherapie zum IVF-Verfahren, die nicht in allen reproduktionsmedizinischen Zentren durchgeführt wird.

Für den Fall, dass bei extremen Funktionseinschränkungen des Samens dieser weder im Eileiter noch im Reagenzglas in der Lage ist, in die Eizelle einzudringen und sie zu befruchten, oder falls nur sehr wenige Samenzellen zur Verfügung stehen, gibt es die Möglichkeit, einen Samenfaden direkt in eine Eizelle einzuspritzen.

Ein Hochleistungs-Mikroskop ermöglicht es, unter Video- oder mikroskopischer Kontrolle in jeweils eine im Durchmesser etwa 0,1 mm große Eizelle eine mehr als 100-mal kleinere Samenzelle einzuspritzen. Der Samenzelle werden also die Fortbewegung und Interaktionsleistung mit der Eizelle abgenommen.

Die Mikroinjektion (ICSI)

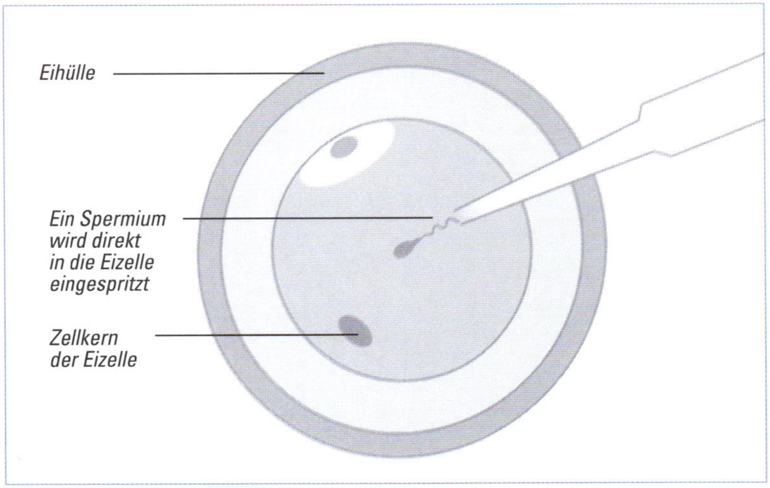

Der intratubare Zygotentransfer (ZIFT)

Beim intratubaren Zygotentransfer (zygote intrafallopian transfer = ZIFT) wird die befruchtete Eizelle sehr früh, und zwar noch vor der Teilung, in den Eileiter übertragen. Die Befruchtung selbst hat außerhalb des Körpers stattgefunden. Die Einspülung in die Eileiter kann über einen dünnen Katheter durch den Muttermund erfolgen.

Es handelt sich hierbei zwar um eine Form der extrakorporalen, also künstlichen Befruchtung, die weitere Teilung, Transport und Einnistung laufen dann als natürliche Vorgänge ab.

Die Eizellspende

Das Deutsche Embryonenschutzgesetz verbietet die Eizellspende. In Ländern wie den USA, Großbritannien oder Ungarn sind Eizellspenden dagegen erlaubt.

Wenn eine Frau nach einer Strahlen- oder Chemotherapie oder nach einer Eierstockoperation außerstande ist, Eizellen zu produzieren, wenn sie Trägerin einer schweren Erbkrankheit ist oder aufgrund ihres Alters keine befruchtungsfähigen Eizellen mehr bilden kann, können rein medizinisch von einer anderen Frau gespendete Eizellen zur In-vitro Fertilisation verwendet werden.

Für die Eizellspende kommen fast immer nur anonyme Spenderinnen in Frage. Werden Eizellen von einer Eizelldatenbank gekauft, erfährt der Käufer die anonymisierten Daten der Spenderin wie Größe, Haarfarbe, Hauttyp, Religion, Intelligenzquotient und Familiengeschichte. Oft stammen die gespendeten Eizellen aber auch von IVF-Patientinnen, die überschüssige Eizellen zur Verfügung stellen, und in seltenen Ausnahmesituationen erklärt sich eine Verwandte zur Eizellspende innerhalb der Familie bereit.

Nach der heutigen deutschen Rechtsprechung ist diejenige Frau im juristischen Sinn die Mutter, welche die Schwangerschaft austrägt.

Die Samenspende

Für eine künstliche Befruchtung kann Spendersamen verwendet werden. Falls ein Ehemann keine eigenen funktionsfähigen Samenzellen hat oder falls ein lesbisches Paar Kinder möchte, kann ein Paar auch auf die technische Möglichkeit einer Samenspende zurückgreifen. Einige Kliniken oder Ärzte verfügen über eigene Samenspenderbanken mit entsprechender Qualitätsprüfung. Die Spender werden umfassend untersucht, so dass sichergestellt ist, dass die Verwendung des Spendersamens keine gesundheitlichen Gefahren für die Frau oder das gewünschte Kind birgt.

In Deutschland darf eine Befruchtung mit Spendersamen – auch heterologe oder donogene Insemination genannt – nur von hierfür zugelassenen Einrichtungen durchgeführt werden. Voraussetzung ist die eingehende Beratung bezüglich der rechtlichen Folgen sowie die Zustimmung beider Partner. Dass diese Beratung stattgefunden hat, muss in einem Protokoll festgehalten werden.

Die juristischen Fragen sind im Zusammenhang mit einer Samenspende in Deutschland nicht geklärt (siehe auch S. 117 ff.)

Die Embryonenspende

In Deutschland ist die Embryonenspende ebenso wie die Eizellspende nicht erlaubt. In einigen anderen Ländern, zum Beispiel in den USA, kommt die Embryonenspende, wenn auch sehr selten, vor: Wenn ein Paar nach einer erfolgreichen In-vitro-Fertilisation keinen weiteren Bedarf an den eigenen eingefrorenen Embryonen hat, wird manchmal einer davon einem kinderlosen Ehepaar zur Verfügung gestellt, das keine eigenen funktionsfähigen Keimzellen besitzt.

Gefrierkonservierung von Keimzellen

Technologisch gesehen kann man heute Keimzellen und Embryonen konservieren, indem man sie tiefgefriert. Das deutsche Embryonenschutzgesetz regelt detailliert die Bedingungen, unter denen Keimzellen tiefgefroren gelagert werden dürfen: Verboten ist die Herstellung von Embryonen nur zum Zweck ihrer Lagerung durch Tiefgefrierung (Kryokonservierung). Nicht verboten ist hingegen die Kryokonservierung von Samen- und Eizellen. Den kalten Tiefschlaf überleben nur etwa die Hälfte aller Samenzellen unbeschadet. Auch Eizellen lassen sich nur sehr schwer ohne einschneidenden Funktionsverlust tiefgefroren lagern. Dies ist jedoch anders, wenn Eizellen nach dem Eindringen der Samenzelle (Imprägnation) im sogenannten Vorkernstadium tiefgefroren werden. In diesem Stadium sind beide Keime noch nicht verschmolzen, so dass definitionsgemäß noch kein Embryo vorliegt.

Für die künstliche Befruchtung mit Samen des Partners wird in der Regel frischer Samen verwendet, während der eines Spenders in Gläser gefüllt und in flüssigem Stickstoff tiefgefroren in Kryobanken so lange konserviert wird, bis sowohl die Samen als auch die Spender zahlreichen Untersuchungen und Tests unterzogen worden sind.

Dieses hochkomplizierte Gefrierverfahren hilft, möglicherweise unnötigen Stress für das Paar zu vermeiden. Bei der Frau können jetzt nach einem einzigen Stimulations- und Punktionszyklus mehrere Transferversuche unternommen werden. Wenn die Befruchtung im ersten Zyklus nicht geklappt hat, werden die überzähligen, nicht weiter kultivierten Eizellen über längere Zeit in ihrer Entwicklung gestoppt und haltbar gemacht. Für die weiteren Transferversuche muss in jedem Folgezyklus die Gebärmutterschleimhaut lediglich auf einen Transfer und die mögliche Einnistung vorbereitet werden, die Eierstöcke müssen jedoch nicht mehr stimuliert werden. Die seelische und körperliche Belastung der Stimulation und Punktion kann der Frau so erspart werden.

Die Sterilitätstherapie

Eine Schwangerschaft nach assistierter Reproduktion und Sterilitätstherapie galt früher grundsätzlich als Risikoschwangerschaft. Dies trifft so heute nicht mehr zu: Wenn in den ersten zwei bis drei Wochen nach positivem Schwangerschaftstest eine normale Entwicklung sonographisch nachgewiesen werden kann – intrauteriner Embryo mit Herzaktionen – und keine Mehrlingsschwangerschaft vorliegt, dann geht man im weiteren Verlauf von einer normalen Schwangerschaft aus.

Die Behandlung umfasst eine Serie von Einzelmaßnahmen, die alle ein unterschiedliches Risiko bergen. Im Detail wird Ihr Arzt Sie über die Risiken ausführlich informieren. Hier in aller Kürze eine Zusammenfassung der wichtigsten Aspekte:

- Durch die hormonelle Stimulation der Eizellreifung ist eine vorübergehende Zystenbildung an den Eierstöcken unvermeidbar. Diese Zysten bilden sich jedoch in der Regel selbständig zurück.
- Die Eizellgewinnung ist eine Maßnahme, die die normalen Risiken eines operativen Eingriffs mit sich bringt wie Blutungen, Infektionen und Verletzungen der Organe des unteren Bauchraumes. Das Risiko ist jedoch gering, da die Follikelpunktion unter Ultraschallsicht erfolgt und somit die Lage der Punktionsnadel exakt überprüft werden kann.
- Die Rate klinischer (erkennbarer) und okkulter (verborgener, weil noch nicht diagnostizierter) Fehlgeburten liegt im Normalfall bei zusammen 30 Prozent. Unter der Bedingung eines gut funktionierenden IVF-Programms haben Sie mit keiner gegenüber der Norm erhöhten Fehlgeburtenrate zu rechnen.
- Bei allen fortpflanzungsmedizinischen Verfahren, ganz selten sogar nach Embryotransfer im Rahmen einer IVF-Behandlung, kann es vermehrt zu einer Eileiterschwangerschaft kommen. Etwa zwei bis drei Prozent aller Schwangerschaften nach einer IVF sind extrauterine Schwangerschaften, das Ei nistet sich nicht in die Gebärmutter ein. Deshalb muss die Schwangerschaft sehr sorgfältig überwacht werden. Es muss sichergestellt sein, dass der Embryo in der Gebärmutter heranwächst.
- Bei den Verfahren, die mit einer Stimulationstherapie verbunden sind, besteht immer das Risiko einer Mehrlingsschwangerschaft. Aus diesen Gründen ist eine strenge Überwachung während der Behandlung dringend geboten. Im Einzelfall muss ein Zyklus noch vor dem Eisprung abgebrochen werden; dem Paar ist möglicherweise von ungeschütztem Geschlechtsverkehr abzuraten.
- Kinder, die nach IVF-Behandlung geboren werden, tragen kein größeres Missbildungsrisiko als Kinder nach natürlicher Empfängnis. Bei Azoospermie, dem Fehlen von Samenfäden in der Samenflüssigkeit, kann eine vererbbare Chromosomenaberration vorliegen. Deshalb sollte in diesen Fällen vor der Therapie eine humangenetische Untersuchung und Beratung des Paares erfolgen. Bei Ausschluss eines genetischen Defektes besteht auch hier kein erhöhtes Risiko für das Kind.
- Immer wieder werden fruchtbarkeitssteigernde Medikamente mit einem höheren Krebsrisiko in Verbindung gebracht. Dafür gibt es keinerlei Hinweise, im Gegenteil, diese Behauptung ist sogar falsch. Es ist erwiesen, dass eine Schwangerschaft das Krebsrisiko senken kann, und zwar unabhängig davon, wie sie zustande gekommen ist.
- Während der Therapie kann es bei der Frau zu Gewichtsschwankungen kommen.

Die Präimplantationsdiagnostik

Bei der Präimplantationsdiagnostik (PID) können künstlich befruchtete Eizellen vor dem Einsetzen in die Gebärmutter auf genetische Veranlagung für schwere Erbkrankheiten getestet und ihr Geschlecht kann bestimmt werden.

Die so mögliche Geschlechterauswahl ist nach dem Embryonenschutzgesetz in Deutschland verboten, wohingegen die präimplantationsdiagnostische Untersuchung im Zusammenhang mit einer schwerwiegenden geschlechtsgebundenen Erbkrankheit erlaubt ist. Nach einer künstlichen Befruchtung werden einem acht- bis zehnzelligen Embryo eine bis zwei Zellen entnommen und deren genetische Anlage untersucht. Im Falle einer schweren genetischen Krankheit wird der Embryo in den weitaus meisten Fällen vernichtet.

Paare, bei denen die Wahrscheinlichkeit groß ist, dass sie eine schwerwiegende Krankheit weitervererben, sind bei einer In-vitro-Fertilisation mit einer Genanalyse sehr entlastet. Auf diese Weise kann ein eventueller Schwangerschaftsabbruch vermieden werden.

Und wie fühlt man sich dabei?

Störungen bei Sexualität und Fortpflanzung, das Unvermögen, eigenen Nachwuchs zu zeugen, belasten die Paare meist stärker als andere Funktions- und Gesundheitsstörungen. Sexualität und Fortpflanzung werden vom Menschen besonders stark als Bereich eigener Autonomie betrachtet. Daher ist jeglicher Eingriff von außen ein Eingriff in die Intimität, auch wenn die medizinische Hilfe nur zeitlich begrenzt und mit definiertem Ziel in Anspruch genommen wird.

„Na, wann ist es denn endlich bei Euch soweit?" Derartige Fragen von Verwandten und Freunden können auf die Dauer recht belastend werden. Zahlreiche Selbsthilfegruppen bieten die Möglichkeit, in Gesprächen mit gleichfalls Betroffenen über die emotionale Belastung, eventuelle Schuldgefühle und die Paarkonflikte, die durch den unerfüllten Kinderwunsch entstehen können, zu sprechen. Der Verein Wunschkind e.V. (Adresse siehe Anhang S. 144) informiert Sie über die Selbsthilfegruppen, die es bundesweit gibt, und über die Möglichkeiten der psychosozialen Betreuung und Beratung bei unerfülltem Kinderwunsch.

Die gesetzliche Regelung sieht vor, dass Ihr Arzt Sie über alle Aspekte der künstlichen Befruchtung informiert. Dazu gehört ebenso, zu erörtern, dass auch ohne eigene Kinder ein erfülltes Leben möglich ist. Am Anfang eines solchen Gesprächs stehen Fragen, die Sie sehr offen innerhalb der Partnerschaft besprechen sollten, auch wenn dabei an Dingen gerührt wird, die vielleicht weh tun:

- Was bedeutet uns ein Kind?
- Was bedeutet das Kind für unsere Partnerschaft?
- Wer von uns beiden leidet mehr unter der Kinderlosigkeit?
- Wie stehen wir zur Adoption?
- Wie könnte für uns ein Leben ohne Kind aussehen?

Sprechen Sie mit anderen Menschen, mit Familienmitgliedern und Freunden, über Ihren unerfüllten Kinderwunsch. Das hilft Ihnen, zu einer eigenen Entscheidung für oder gegen die assistierte Reproduktion zu gelangen.

Schatz, du bist heute so hyperaktiv! Ich glaube, du hast deinen Eisprung!
F.B.

Die Erfahrung zeigt, dass die Behandlung einer Unfruchtbarkeit zeitweise eine große psychische Belastung für Sie und Ihre Beziehung sein kann. Auch im Sinne der guten Voraussetzung für eine Sterilitätstherapie sollten Sie sich während und selbstverständlich auch nach Abschluss der Behandlung mit all Ihren Sorgen, Nöten und Ängsten an die Sie behandelnden und betreuenden Ärzte wenden. Denn bereits eine kleine Unsicherheit - oft aus Unkenntnis entstanden - kann zu einer großen psychischen Belastung werden.

Suchen Sie einen Arzt, dem Sie vollstes Vertrauen entgegen bringen und mit dem Sie offen über alle Themen rund um die Unfruchtbarkeit sprechen können. Viele Zentren bieten neben der ärztlichen Zuwendung auch die Möglichkeit einer weitergehenden psychologischen Begleitung durch einen kooperierenden Psychologen oder einen speziell geschulten Arzt.

Die psychologische Begleitung neben der fortpflanzungsmedizinischen Betreuung kann sehr wichtig sein. Sie kann helfen, schädliche Stressfaktoren zu erkennen und abzubauen, Ängste und Belastungen werden leichter verarbeitet. Die offenen Gespräche sollen mit dazu beitragen, durch den bisher erfolglosen Kinderwunsch eventuell entstandene Spannungen in der Partnerschaft zu lösen. Die Verbesserung der eigenen Befindlichkeit kann dann durchaus dazu beitragen, den Erfolg einer Behandlung schneller herbeizuführen.

Ethische und rechtliche Aspekte der künstlichen Befruchtung

1987 wurde das erste „Retortenbaby" geboren, sieben Jahre später das erste „Tiefkühlbaby". 1995 brachte erstmals eine über Sechzigjährige nach Eizellspende ein Kind zur Welt.

Solche Entwicklungen in der Fortpflanzungsmedizin werden von vielen Menschen durchaus kritisch gesehen. Nicht mehr nur Mediziner, sondern auch Philosophen, Politiker, Theologen und Juristen befassen sich mit den ethischen und juristischen Aspekten der Fortpflanzungsmedizin. Zur Zeit gibt es auf diesem Gebiet allerdings wesentlich mehr Fragen als Antworten.

Vom medizinischen Standpunkt aus ist die Insemination als Bestandteil der assistierten Reproduktion eine Routinebehandlung, gegen die ethisch keine Bedenken bestehen - unter der Voraussetzung, das Sperma stammt vom Lebenspartner. Die Verwendung von Spendersamen ist allerdings nach wie vor heftig umstritten und wird nur von wenigen gynäkologischen Praxen und Kliniken überhaupt durchgeführt.

Einige Praxen bieten Paaren folgende Lösung für das Problem der ungewissen Vaterschaft an: Sie mischen das Sperma des Ehemannes mit dem des Spenders, so dass dann zumindest theoretisch die Chance besteht, dass ein dabei gezeugtes Kind das genetische Kind beider Elternteile ist.

Trotz der unklaren ethischen und rechtlichen Situation werden in Deutschland jährlich etwa 500 bis 1 000 Kinder mit Hilfe einer Samenspende gezeugt.

Das Embryonenschutzgesetz

Um in dem extrem sensiblen Bereich der modernen Reproduktionstechnologie Missbrauch zu verhindern, gilt in Deutschland seit 1991 das Embryonenschutzgesetz, das reproduktionsmedizinische Maßnahmen einer strikten Regelung unterwirft. So wird die befruchtete, entwicklungsfähige menschliche Eizelle ab dem Zeitpunkt der Kernverschmelzung juristisch als Embryo bezeichnet. Unter anderem werden folgende Tatbestände unter Freiheitsstrafe gestellt:

- die Verwendung von menschlichen Embryonen zu fremdnützigen, nicht dem Erhalt des Embryos dienenden Zwecken,
- Eizellspenden,
- die künstliche Erzeugung eines Embryos oder die Entnahme eines Embryos vor Abschluss seiner Einnistung in der Gebärmutter zum Zwecke der Veräußerung oder einem nicht seiner Erhaltung dienenden Zwecke,
- eine künstliche Befruchtung von mehr als drei Eizellen,
- die Befruchtung menschlicher Eizellen mit dem Ziel einer späteren Embryonenspende oder der Übertragung des Embryos auf eine „Ersatzmutter",
- die gezielte Festlegung des Geschlechts des künftigen Kindes,
- das Klonen von Menschen, so dass ein Embryo mit der selben Erbinformation wie ein anderer Embryo, ein Fötus, ein Kind, ein Erwachsener oder ein Verstorbener entsteht,
- die Erzeugung von Chimären und Hybridwesen (Mixwesen aus Keimzellen von Mensch und Tier).

Das Embryonenschutzgesetz regelt nicht:

- die heterologe Insemination o.ä.,
- familienrechtliche Aspekte,
- die Beschränkung auf Ehepaare,
- die Arzthaftung,
- die Durchführungsbestimmungen.

Daher gelten über das Embryonenschutzgesetz hinaus in Deutschland berufsrechtliche, kassenrechtliche und standesrechtliche Regelungen und Ausführungsbestimmungen der Ärzte und Krankenkassen. Die Richtlinien der Bundesärztekammer besagen, dass bei der assistierten Reproduktion nur Samen des Ehepartners verwendet werden darf. Bei nicht verheirateten Paaren „in stabiler Partnerschaft" dürfen Methoden der künstlichen Befruchtung nur bedingt durchgeführt werden. Diese Empfehlung gründet sich, so die Bundesärztekammer, darauf, dass auch die Änderung des Kindschaftsrechts nicht zu einer vollständigen abstammungsrechtlichen Gleichbehandlung ehelicher und nichtehelicher Kinder geführt habe. Nicht zulässig nach den Richtlinien der Bundesärztekammer ist die künstliche Befruchtung bei allein stehenden Frauen und in gleichgeschlechtlichen Beziehungen.

Wer ist der Vater?

Liegt die Ursache für die Unfruchtbarkeit beim Mann und waren alle Bemühungen des Arztes, eine Schwangerschaft herbeizuführen, erfolglos, gibt es immer noch einen Ausweg: die so genannte heterologe Insemination, bei der zur Befruchtung das Sperma eines Samenspenders benutzt wird.

In Amerika ist das kein Problem: einfach ins Internet gehen, in den Samenspenderdatenbanken die gewünschten Merkmale des zukünftigen Nachwuchses auswählen und per Mausklick abschicken. Nach wenigen Tagen wird die Samenspende tiefgekühlt per Nachnahme geliefert.

In Deutschland ist die Situation längst nicht so einfach: Paare, die auf diese Weise zu einem Kind kommen wollen, müssen sich zunächst einer aufwendigen gesetzlich vorgeschriebenen Beratungsprozedur unterziehen. Außerdem ist eine Vielzahl von Formalitäten zu klären, denn erstaunlicherweise gibt es in Deutschland keine Rechtsgrundlage, die sich ausdrücklich mit der heterologen Insemination und den daraus erwachsenden Folgen beschäftigt. In den Berufsordnungen der Ärzte und im Bürgerlichen Gesetzbuch ist dieses Verfahren noch nicht einmal erwähnt.

Der Arzt unterliegt der ärztlichen Schweigepflicht – nur er kennt die Namen aller Beteiligten: Die Samenspende wird bei den verschiedenen Kliniken und Einrichtungen unterschiedlich gehandhabt. So bleibt bei der Deutschen Klinik in Bad Münder der Samenspender für die Paare anonym und umgekehrt. Der Arzt schließt hier mit den Ehepartnern vor Beginn der Behandlung einen Vertrag. Darin verpflichten sich die Ehepartner, für das aus der Behandlung hervorgehende Kind alle Rechte und Pflichten zu übernehmen, wie es auch bei einem ohne technische Unterstützung gezeugten Kind der Fall wäre. Weiterhin verpflichten sich die Ehepartner, das Kind unterhalts- und erbrechtlich zu versorgen.

Es gehört allerdings zu den gesetzlichen Grundrechten eines jeden Menschen, seine genetische Abstammung zu kennen. Um dieses Recht vom Arzt einfordern zu können, muss das Kind natürlich erst einmal wissen, dass der Mann, bei dem es aufgewachsen ist, nicht der genetische Vater ist. Die Entscheidung, das Kind darüber in Kenntnis zu setzen, liegt bei den Eltern.

Häufig versucht gerade der Vater, sich im Falle einer Scheidung seinen vormals zugesagten Unterhaltsverpflichtungen mit einer Vaterschaftsklage zu entziehen. Meist hat allerdings der geschiedene Ehemann damit keinen Erfolg. Die Gerichte entlassen den Vater dann zwar im familienrechtlichen Sinne aus der Vaterschaftsbeziehung, schuldrechtlich bleibt er jedoch weiterhin zur Unterhaltszahlung verpflichtet. Die Folge: Das Kind hat keinen Erbanspruch mehr gegenüber seinem „sozialen" Vater. Es könnte dann jedoch einen Erbanspruch gegen den Samenspender als „genetischen" Vater geltend machen. Diesen allerdings zu finden, ist trotz Rechtsanspruch oft so gut wie ausgeschlossen. Pikanterweise ist der behandelnde Arzt lediglich zehn Jahre lang verpflichtet, seine Patientenakten aufzuheben. Das aus der Samenspende hervorgegangene Kind kann aber erst mit Erlangen der Volljährigkeit gegen den Arzt auf Herausgabe der Unterlagen klagen. Fazit: Für durch heterologe Insemination gezeugte Kinder gibt es so lange keine juristischen Probleme, wie sich alle Beteiligten an ihre selbstauferlegten Verabredungen halten.

Die Eltern in spe werden in Beratungsgesprächen auf die Problematik hingewiesen, dass Kinder, wenn sie nicht wissen, wer ihre genetischen

Da es keine juristischen Regularien für die heterologe Insemination und Kinder, die daraus hervorgegangen sind, gibt, werden Gesetze wie zum Beispiel das „Recht des Ehemannes, der Kindesmutter und des Kindes auf Vaterschaftsanfechtung" angewandt.

Ich will zurück zu meinen Wurzeln, Frau Doktor. Zeigen Sie mir das Reagenzglas, in dem ich gezeugt wurde!..
SAMEN DEPOT
F.B.

Eltern sind, in schwere Identitätskrisen geraten können. Außerdem kann es, wenn die genetischen Vorfahren nicht bekannt sind, zu Ehen von Halbgeschwistern kommen. Es ist nie ganz auszuschließen, dass später die Wahrheit zufällig ans Licht kommt. Die zukünftigen Eltern sollten sich daher sehr intensiv mit allen Fragen rund um dieses Thema auseinander setzen.

Wer ist die Mutter?

Einfacher ist die Regelung, wer im juristischen Sinne als Mutter eines Kindes gilt: Das Familienrecht hat im neuen § 1591 BGB definiert, dass immer die Frau, die das Kind geboren hat, auch die Mutter ist. Damit ist in Deutschland ein Streit zwischen genetischer Mutter und austragender Mutter, wie ihn bereits US-amerikanische Gerichte zu verhandeln hatten, ausgeschlossen. Trotz Ei- und Embryonenspende behält der altrömische Grundsatz „mater semper certa est" seine Gültigkeit.

Leihmütter

Für Frauen, die nach einer Gebärmutteroperation oder -erkrankung kein Kind austragen können, besteht in den USA und in Großbritannien die Möglichkeit, eine Leihmutterschaft in Anspruch zu nehmen. Beliebige Beziehungsverhältnisse werden dadurch möglich. Als Leihmutter wird eine Frau bezeichnet, die für eine andere ein Kind austrägt. Man unterscheidet verschiedene Arten von Leihmüttern:

- Volle Leihmutter ist eine Frau, die als „Ersatz"-Mutter das Kind für eine sterile Frau empfängt und austrägt. Befruchtet wird ihre eigene Eizelle. Die Befruchtung kann per Insemination oder auf direktem Weg durch Geschlechtsverkehr erfolgen. Bei einer Insemination kann der Samen, muss aber nicht vom Ehegatten der Frau stammen, die das Kind später aufziehen will.
- Eine partielle Leihmutter ist eine Frau, die ein im Reagenzglas befruchtetes Ei eines fremden Paares in ihrer Gebärmutter austrägt. Eine Eizelle der Frau, die keine Kinder austragen kann, wird mit dem Samen ihres Partners befruchtet und anschließend in die Gebärmutter einer Leihmutter implantiert.

Nach der deutschen Rechtsprechung ist Leihmutterschaft nicht erlaubt. Eine Frau, die ein Kind gebärt, gilt in unserer Rechtsprechung als Mutter. Das Thema Leihmutterschaft birgt weniger medizinische als mehr emotionale, juristische und ethische Probleme. Der Vertrag, in dem sich die Leihmutter verpflichtet, ihr Kind abzugeben, widerspricht den sittlichen Moralvorstellungen hierzulande über die Käuflichkeit der Schwangerschaft und eines Kindes. Da oftmals eine finanzielle Notlage der Leihmutter ausgenutzt wird, droht überdies die Degradierung ihrer Person zum bloßen Objekt der Fortpflanzungstechnik.

Sinn der Leihmutterschaft ist es, dass Eltern, die gemeinsam kein Kind zeugen oder austragen können, den Part der Schwangerschaft jemand anderem, nämlich der Leihmutter, übertragen.

Leihmutterschaft ist für alle Beteiligten emotional ein extrem belastender Weg, um zum Wunschkind zu kommen. Die Folgen für die Zukunft des Kindes sind nicht überschaubar. Überlegen Sie sich daher sehr genau, wie weit Sie gehen wollen, um Ihren Kinderwunsch zu erfüllen.

Du hast mir garnix zu sagen! Du bist ja nicht mein biologischer Vater! Und wenn die Mami nicht lieb zu mir ist, geh' ich zurück zu meiner Leihmutter!...
F.B.

Finanzielle Fragen zur assistierten Reproduktion

Sterilität beruht in der Regel auf einem Organdefekt oder einer gestörten Funktion und ist daher – nach der Definition der WHO für Gesundheit – als Erkrankung aufzufassen. Maßnahmen zur künstlichen Befruchtung gehören in Deutschland zum Bestandteil der Kassenleistungen. Allerdings müssen dafür viele Voraussetzungen erfüllt sein.

- Der Arzt muss feststellen, dass die Maßnahme erforderlich ist.
- Es muss eine hinreichende Aussicht auf Erfolg bestehen.
- Die Therapie wird nur bei verheirateten Paaren durchgeführt.
- Es werden nur Ei- und Samenzellen der Ehegatten (homologes System) verwendet.
- Es muss eine Beratung über die medizinischen, psychischen und sozialen Aspekte der künstlichen Befruchtung durch einen erfahrenen Arzt, der die Behandlung nicht selbst durchführt, stattgefunden haben.
- Assistierte Reproduktion darf nur von entsprechend zugelassenen Ärzten durchgeführt werden.
- Die assistierte Reproduktion soll soweit möglich ambulant durchgeführt werden.
- Ein negativer HIV-Test beider Partner zum Zeitpunkt der Durchführung ist Voraussetzung.
- Die Frau muss einen ausreichenden Schutz gegen Röteln nachweisen.
- Die Altersgrenze der Frau ist ihr vollendetes 40. Lebensjahr.
- Auch nach der Geburt eines Kindes hat eine Frau einen erneuten Anspruch.
- Nach einer Sterilisation besteht grundsätzlich kein Anspruch.
- Bei einer Kryokonservierung (Einfrierung der Keimzellen) besteht keine Leistungspflicht.

Meist zahlen die Krankenkassen zumindest einen Teil der Kosten, die bei der assistierten Reproduktion anfallen. Bei gegebener Indikation übernimmt die Krankenkasse bis zu zwei GIFT-Versuche (intratubarer Gametentransfer) oder alternativ vier IVF-Versuche (In-vitro-Fertilisation). Sind diese Versuche ausgeschöpft, kann die Kasse, wenn eine besondere Begründung vorliegt, durchaus einer weiteren Kostenübernahme zustimmen. Im Spontanzyklus kann eine von der Krankenkasse bezahlte Insemination bis zu acht Mal, nach hormoneller Stimulation bis zu sechs Mal wiederholt werden.

Nach dem derzeitigen Steuergesetz sind besondere Aufwendungen, etwa wegen Krankheit, steuerlich absetzbar. Da Empfängnisunfähigkeit eine Krankheit ist, die eine Schwangerschaft verhindert, und die künstliche Befruchtung die angemessene Heilbehandlung ist, sind die Kosten hierfür laut Bundesfinanzhof von der Steuer absetzbar. Für juristische Laien merkwürdig anmutend haben die Finanzgerichte jedoch die Frage, ob die Kosten für die künstliche Befruchtung bei einer unverheirateten Frau oder für eine Befruchtung, bei der Sperma verwendet wird, das nicht vom Ehemann stammt, auch von der Steuer abgesetzt werden können, bislang kontrovers entschieden.

9. Bin ich schwanger?

Nun hat es also vielleicht geklappt? Gerade wenn Sie Ihr Wunschkind herbeisehnen, wird jede körperliche Veränderung schnell als Anzeichen einer Schwangerschaft gedeutet. Sie können wahrscheinlich kaum das Ergebnis abwarten, ob Sie nun schwanger sind. Auch jetzt gilt: Lassen Sie sich in den ersten Tagen nach der möglichen Befruchtung Zeit.

Da gerade die ersten Wochen für die Entwicklung eines Kindes am wichtigsten sind, ist es sinnvoll, eine Schwangerschaft so früh wie möglich zu erkennen. Der erste Hinweis auf eine Schwangerschaft ist für die meisten Frauen das Ausbleiben der Menstruationsblutung. Dies ist aber kein sicheres Zeichen einer Schwangerschaft. Manchmal setzt die Menstruation lediglich verspätet ein, was auch bei Frauen mit sehr regelmäßigem Zyklus vorkommt. Krankheit, seelische Belastung, körperliche Anstrengung oder Klimawechsel auf Reisen können den Hormonhaushalt durcheinander bringen und zu Unregelmäßigkeiten im Zyklus führen.

Andererseits setzt nicht bei jeder Schwangerschaft die monatliche Blutung aus – auch während einer Schwangerschaft kann noch ein- oder zweimal eine leichte Blutung vorkommen.

Die Hinweise auf eine Schwangerschaft kann man in unsichere, wahrscheinliche und sichere Schwangerschaftszeichen unterteilen; die sicheren Anzeichen gehen übrigens vom Kind selbst aus.

Wie stellt der Arzt eine Schwangerschaft fest?

Dem Arzt stehen verschiedene Schwangerschaftstests (Urin- und Bluttests) zur Verfügung, die sehr empfindlich sind und schon das Frühstadium einer Schwangerschaft erkennen. Im Blut kann das Schwangerschaftshormon humanes Chorion-Gonadotropin (hCG) als sicheres Anzeichen einer Schwangerschaft bereits etwa zehn Tage nach der Befruchtung nachgewiesen werden.

Unsichere Schwangerschaftszeichen	Wahrscheinliche Schwangerschaftszeichen	Sichere Schwangerschaftszeichen
• Ausbleiben der Menstruation (Amenorrhoe) • Brustspannen • Veränderungen des Allgemeinbefindens, wie Übelkeit, Erbrechen, Appetitstörungen, ungewöhnliche Essgelüste, Schwindel, häufiges Wasserlassen • Verstopfung	• Veränderungen der Genitalorgane • Vergrößerung der Gebärmutter • Vergrößerung der Brustdrüse • verstärkte Pigmentierung des Warzenhofes an der Brustwarze (Areola) • Basaltemperatur bleibt erhöht • positiver Schwangerschaftstest	• kindliche Herztöne • Ultraschallbild des Kindes • Bewegungen des Kindes

Etwa drei bis vier Wochen nach der Befruchtung kann ein erfahrener Frauenarzt mit einer hochauflösenden Ultraschall-Vaginalsonde ein etwa drei Millimeter großes Fruchtbläschen erkennen.

Bei einer vaginalen Untersuchung sind ab etwa 14 Tagen nach der Befruchtung erste Anzeichen sichtbar. Diese erkennt der Arzt an der Farbe der Scheidenschleimhäute, weil Scheide und Gebärmutterhals besser durchblutet sind als normal. Zur vaginalen Untersuchung führt der Arzt zwei Finger in die Scheide ein und tastet mit der anderen Hand den Bauch ab. Dabei fühlt er, ob die Geschlechtsorgane weicher geworden sind und sich die Gebärmutter vergrößert hat.

Ab der vierten Woche nach der Befruchtung kann dann jeder Frauenarzt im „normalen" Ultraschall die Schwangerschaft erkennen.

Diese Untersuchungen dienen der Früherkennung einer Schwangerschaft und schaden dem Embryo nicht.

Der Schwangerschaftstest zu Hause

Bei ausbleibender Menstruation liegen Eisprung und Befruchtung bereits mindestens 15 Tage zurück. Schon zu diesem Zeitpunkt kann ein Schwangerschaftstest, den Sie selbst zu Hause durchführen können, relative Gewissheit über eine Schwangerschaft geben.

Im Urin lässt sich das „Schwangerschaftshormon", hCG, nachweisen, das im Körper der gesunden Frau ausschließlich während einer Schwangerschaft vorkommt. Es wird vom Embryo gebildet und ist damit charakteristisch für eine beginnende Schwangerschaft.

Die frei verkäuflichen Urinschwangerschaftstests sind leicht durchzuführen und zu etwa 90 bis 98 Prozent verlässlich. Wenn sie ab etwa 16 Tage nach der Befruchtung angewendet werden, sind alle Tests etwa gleich zuverlässig. Einige Tests versprechen, dass sie bereits fünf bis sechs Tage vor der erwarteten Menstruation das Hormon hCG im Urin feststellen können. Je früher allerdings der Test durchgeführt wird, umso unsicherer ist das Ergebnis.

Die Konzentration von hCG ist im Morgenurin direkt nach dem Aufstehen am höchsten. Die meisten Tests können jedoch zu jeder Tageszeit durchgeführt werden. Bei den modernen Tests wird einfach ein Teststäbchen oder ein Testplättchen mit Urin benetzt. Nach wenigen Minuten kann das Ergebnis abgelesen werden.

Mit Hilfe eines solchen Schwangerschaftstests können Sie relativ sicher bestimmen, ob Sie schwanger sind oder nicht.

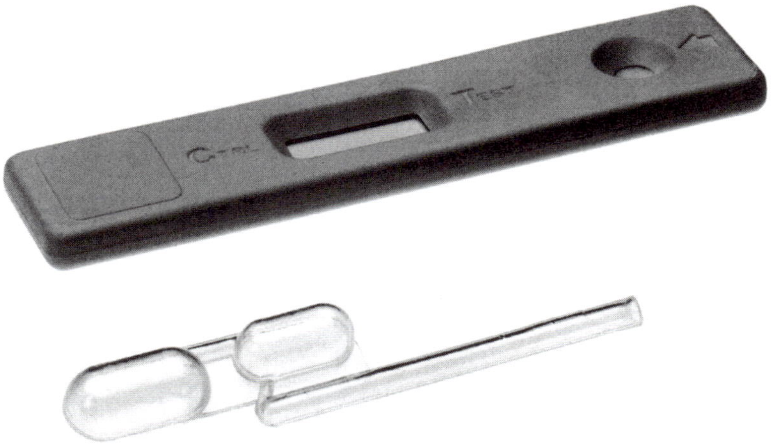

Das Ergebnis des Urintests ist entweder positiv (= schwanger) oder negativ (= nicht schwanger). Auch leichte Verfärbungen im Ergebnisfeld deuten auf eine Schwangerschaft hin. Der Test sollte dann jedoch nach einigen Tagen wiederholt werden. Auch wenn der Test negativ war, die Monatsblutung jedoch ausbleibt, sollten Sie den Test nach einigen Tagen wiederholen. Je später ein Schwangerschaftstest durchgeführt wird, umso mehr hCG ist im Urin und umso sicherer ist das Ergebnis.

Mögliche Verfälschungen

Die Tests müssen genau entsprechend der Anleitung aufbewahrt und durchgeführt werden. Bei nachlässiger Handhabung können sie falsche Werte anzeigen. Alle Tests sollten bei normaler Raumtemperatur (18 bis 25 °C) durchgeführt werden; abweichende Temperaturen können die Empfindlichkeit und die Entwicklungsgeschwindigkeit der Testergebnisse beeinflussen. Antidepressiva oder einige Hormonpräparate können die Ergebnisse ebenfalls verändern.

Ätsch! Wir haben aber 'n Penis und Du nicht!!
Pah! Dafür hab ich 'ne Vagina! Und ich Kann Babys Kriegen! Und überhaupt: Ihr habt ja bloß 'n abgebrochenes X-Chromosom!!
F.B.

Anhang

Bildnachweis

Wir danken den im Folgenden genannten Bildquellen für ihre freundliche Genehmigung zum Abdruck ihres Bildmaterials:

Illustrationen: Franziska Becker, Köln

Medizinische Grafiken: Designbureau Jochen Kremer/Gabi Mahler, Köln

Fotos: S. 41 oben, Thermometer: Scheiber GmbH, Kreutzwertheim; S. 41 unten, S. 42 unten, Cyclotest-Geräte: Uebe GmbH, Wertheim; S. 42 oben: Bioself SA Thonex, Schweiz; S. 42, Mini Sophia: Laborklinika GmbH, Rottenburg; S. 42, Ladycomp: Valley Electronics GmbH, Eschenlohe; S. 46 links: ISI-Tech, Neuburg; S. 48: CARDIMAC GmbH, Schönberg; S. 49, S. 50: Unipath Diagnostics GmbH, Köln; S. 127: Fa. Biomar, Marburg.

Mein Menstruations-Zyklus

	Zyklustag	1	2	3	4	5	6	7	8	9	10	11	12	13	14	15	16	17	18	19	20	21	22	23	24	25	26	27	28	29	30	31	32	33	34
	Datum																																		
	Wochentag																																		
	Blutung																																		
Basaltemperatur	37,5 °C																																		
	37,4 °C																																		
	37,3 °C																																		
	37,2 °C																																		
	37,1 °C																																		
	37,0 °C																																		
	36,9 °C																																		
	36,8 °C																																		
	36,7 °C																																		
	36,6 °C																																		
	36,5 °C																																		
	36,4 °C																																		
	36,3 °C																																		
	Zervixschleim																																		
	LH-Test																																		
	Geschlechtsverkehr																																		
	Medikamenteneinnahme																																		
	Besonderheiten																																		
	Zyklustag	1	2	3	4	5	6	7	8	9	10	11	12	13	14	15	16	17	18	19	20	21	22	23	24	25	26	27	28	29	30	31	32	33	34

Der Eisprungkalender

Mit dem diesem Buch beiliegenden Eisprungkalender können Sie schnell und einfach Ihre fruchtbaren Tage für den nächsten Zyklus berechnen und – falls es geklapp(ert) hat – außerdem den Entbindungstermin für Ihr Wunschkind.

1. Zyklus

Stellen Sie den ersten Tag Ihrer letzten Regelblutung ein: Schieben Sie zum Beispiel bei einem 28-Tage-Zyklus den Strich mit der Zahl 28 genau auf das entsprechende Datum, bei einem 32-Tage-Zyklus orientieren Sie sich am Strich mit der 32, bei einem 24-Tage-Zyklus an der 24 usw.

2. Fruchtbarkeit

Der grüne Pfeil zeigt Ihren voraussichtlichen Tag des Eisprungs an. Die Tage im Bereich des grünen Feldes (etwa fünf Tage vor dem Eisprung bis einen Tag nach dem Eisprung) sind Ihre fruchtbaren Tage.

3. Entbindungstermin

Der Storchenschnabel bzw. gelbe Pfeil zeigt Ihren voraussichtlichen Entbindungstermin an – gerechnet ab dem ersten Tag Ihrer letzten Regelblutung bei einem 28-Tage-Zyklus. Bei einem kürzeren bzw. längeren Zyklus muß der Termin um die entsprechenden Tage verkürzt bzw. verlängert werden.

Frauen mit einem unregelmäßigen Menstruationszyklus können eine durchschnittliche Zykluslänge errechnen, indem Sie die Längen der Zyklen von mehreren Monaten zusammenzählen und durch die Anzahl der Zyklen teilen. Aufgrund dieses Durchschnittwertes können Sie ebenfalls den Zeitpunkt Ihrer fruchtbaren Tage mit Hilfe des Eisprungkalenders zumindest ungefähr ermitteln.

Ein Beispiel

1. Angenommen, Ihr Menstruationszyklus ist 26 Tage lang. Dann stellen Sie den Strich für 26 auf das Datum des ersten Tages Ihrer letzten Regelblutung, z. B. den 16. Mai.

2. Ihr nächster Eisprung findet dann voraussichtlich am 28. Mai statt. Geschlechtsverkehr zwischen dem 23. und 29. Mai hat also beste Chancen, zu einer Schwangerschaft zu führen.

3. Um den 17. Februar des kommenden Jahres können Sie dann mit der Geburt Ihres Kindes rechnen.

Mein persönliches Risiko

Medizinische Vorgeschichte

- Hatten Sie oder haben Sie zur Zeit irgendeine Krankheit wie zum Beispiel Diabetes, Bluthochdruck, Epilepsie oder Anämie?
- Nehmen Sie zur Zeit irgendwelche verschreibungspflichtigen Medikamente? Welche?
- Hatten Sie kürzlich eine Infektionskrankheit? Welche?
- Wann sind Sie das letzte Mal geröntgt worden und warum?
- Sind Sie schon einmal operiert worden? Woran und wann?
- Wurde bei Ihnen schon einmal eine Bluttransfusion vorgenommen?
- Hatten Sie kürzlich einen Unfall?
- Hatten Sie jemals eine Thrombose?
- Sind Sie gegen irgendetwas allergisch?
- Sind Sie gegen Mumps, Masern und Windpocken geimpft?
- Hatten Sie jemals Herpes?
- Hatten Sie schon einmal Röteln?
- Ist ein HIV-Bluttest durchgeführt worden?
- Ist ein Hepatitis-Bluttest durchgeführt worden?
- Ist ein Toxoplasmose-Bluttest durchgeführt worden?

Gynäkologische Vorgeschichte

- Wie alt waren Sie, als Sie zum ersten Mal Ihre Menstruation hatten?
- Wie lang ist Ihr Zyklus?
- Wie lange dauert Ihre Menstruation?
- Haben Sie die Pille genommen?
- Welche Verhütungsmittel haben Sie benutzt?
- Hatten Sie Schwierigkeiten, schwanger zu werden?

- Haben Sie während der Menstruation Schmerzen?
- Hatten Sie eine Geschlechtskrankheit oder eine Krankheit, die durch den Geschlechtsverkehr übertragen wird?
- War ein Befund des Papanicolau-Abstrichs (Scheidenabstrich zur Untersuchung der Zellen am Gebärmutterhals) auffällig?
  Ist daraufhin eine Behandlung durchgeführt worden? Welche?
- Haben Sie bereits ein oder mehrere Kinder entbunden?
- Haben Sie mit Kaiserschnitt entbunden?
- Hatten Sie eine Frühgeburt?
- Waren Ihre früheren Babys gesund?
- Haben Sie Ihre Babys gestillt?
- Gab es nach den früheren Entbindungen irgendwelche Komplikationen?
- Hatten Sie jemals eine Bauchhöhlen- oder Eileiterschwangerschaft?
- Hatten Sie jemals eine Fehlgeburt? Wann und wie oft?
- Haben Sie eine oder mehrere Abtreibungen hinter sich? Wenn ja, wann waren diese und wie wurden sie durchgeführt?

Lebensweise

- Sind Sie sportlich?
- Treiben Sie mindestens zwei bis drei Mal die Woche Sport?
- Trinken Sie mehr als zwei Tassen Kaffee oder schwarzen Tee pro Tag?
- Trinken Sie Alkohol?
- Nehmen Sie freiverkäufliche Medikamente ein? Wenn ja, welche?
- Rauchen Sie oder Ihr Partner?
- Nehmen Sie oder Ihr Partner Marihuana, Kokain, Heroin, Amphetamine, Barbiturate oder andere Drogen?
- Leben Sie in gesicherten familiären Verhältnissen?

- Werden Sie mit dem Vater des Kindes zusammenleben?
- Haben Sie finanzielle Probleme?
- Was machen Sie beruflich?
- Sind Sie während Ihrer Arbeit potentiell gefährlichen Substanzen oder radioaktiver Bestrahlung ausgesetzt?
- Arbeiten Sie mit kleinen Kindern oder haben Sie häufig Kontakt mit kleinen Kindern?
- Halten Sie Haustiere?

Ernährung

- Ernähren Sie sich gesund?
- Wie viele Mahlzeiten essen Sie täglich?
- Sind Sie Vegetarierin oder machen Sie eine Diät?
- Bekamen Sie in Ihrer vorherigen Schwangerschaft eine besondere Diät verordnet?
- Haben Sie Über- oder Untergewicht?

Genetische Vorgeschichte

- Sind Sie und Ihr Mann auf genetische Krankheiten untersucht worden?
- Leidet in Ihrer Familie jemand an Diabetes, Bluthochdruck oder anderen vererbaren Krankheiten?
- Gibt es in Ihrer Familie jemanden mit zystischer Fibrose, Tay-Sachs-Syndrom, Bluterkrankheit oder anderen Erbkrankheiten?
- Gab es in Ihrer Familie Mehrlingsschwangerschaften?
- Ist jemand in der Familie geistig zurückgeblieben oder hat einen anderen Geburtsschaden?
- Hatte Ihre Mutter in einer ihrer Schwangerschaften eine Vergiftung oder Bluthochdruck?
- Kommt in Ihrer Familie gehäuft Krebs vor?

Adressen

Genetische Beratungsstellen, IVF-Zentren, Ärzte, die donogene Inseminationen durchführen sind mit * gekennzeichnet

Dr. J. Weller *
Könneritzstraße 19
01067 Dresden

Frauenarztpraxis Dr. Held
Pager Straße 8 a
01069 Dresden

Institut für Klinische Genetik der Universität
Fetscherstraße 74
01307 Dresden

GMP Dres. Hmeidan, Jogschies
Goldschmidtstraße 30
04103 Leipzig

Institut für Humangenetik der Universität
Philipp-Rosenthal-Straße 55
04103 Leipzig

Martin-Luther-Universität Halle-Wittenberg
Frauenheilkunde, Reproduktionsmedizin
Ernst-Grube-Straße 40
06120 Halle/Saale

Klinikum der Friedrich-Schiller-Universität Jena
Klinik für Frauenheilkunde und Geburtshilfe
Bachstraße 18
07743 Jena

GMP Dres. Fritzsche, Günther *, Reiher
Grietgasse 11
07743 Jena

Prof. Dr. G. Schreiber *
Erfurter Straße 35
07743 Jena

Universitätsklinikum Charité, Campus Charité Mitte
Repromedizin Station 12 b
Schumannstraße 20–21
10117 Berlin

SHIA e. V. – Selbsthilfegruppen Alleinerziehender
Landesverband
Rudolf-Schwarz-Straße 29
10407 Berlin

Evangelische Konferenz für Familien- und Lebensberatung e. V.
Schönhauser Allee 141
10437 Berlin

Dr. J. Rutkowsky *
Meyerheimstraße 17
10439 Berlin

Institut für Humangenetik der FU Berlin
Heubnerweg 6
10459 Berlin

GMP Dres. Moltz, Baumgarten, Dahmke, Ristau, Roth
Uhlandstraße 20–25
10623 Berlin

Frauenarztpraxis Dr. Stoyanov
Pallasstraße 25
10781 Berlin

Kinderwunschpraxis Dr. Hannen mit psychotherapeutischer Betreuung
Landgrafenstraße 14
10787 Berlin

GMP im Lützow Center Dr. Temme und Partner
Wichmannstraße 5
10787 Berlin

GMP Dres. Marr, Wilke, Bloechle
Rankestraße 34
10789 Berlin

GMP Dres. Daniel, Mogalle, Peters
Tauentzienstraße 6
10789 Berlin

GMP Fera im Wenckebach-Krankenhaus
Wenckebachstraße 23
12099 Berlin

Auguste-Viktoria-Krankenhaus
Gynäkologische Ambulanz, Sterilitätsbehandlung
Rubensstraße 125
12157 Berlin-Schöneberg

Krankenhaus Hellersdorf, örtlicher Bereich Kaulsdorf
Abteilung für Frauenheilkunde,
Geburtshilfe und Kinderkrankenpflege
Myslowitzer Straße 45
12621 Berlin

IVF-Praxis Dr. med. Peter Klare
Suermondtstraße 2
13053 Berlin

Universitätsklinikum Charité
Campus Virchow-Klinikum
AG Reproduktionsmedizin, Frauenklinik
Augustenburger Platz 1
13353 Berlin

GMP Dres. Götze, Müller-Fabian, Jost-Rheul
Berliner Straße 2
13507 Berlin

IVF-Praxis Dr. Peet *
Heerstraße 2
14052 Berlin

DRK Frauen- und Kinderklinik
Pulsstraße Kliniken Westend
Pulsstraße 4–14
14059 Berlin

Fertility Center Berlin
Sophie-Charlotten-Straße 117
14059 Berlin

Klinikum Neubrandenburg
Klinik für Gynäkologie und Geburtshilfe
Salvador-Allende-Straße 30
17036 Neubrandenburg

Ernst-Moritz-Arndt-Universität Greifswald
Klinik und Poliklinik für Frauenheilkunde
und Geburtshilfe
Wollweberstraße 1-3
17487 Greifswald

Institut für Medizinische Genetik der Universität
Fleischmannstraße 42/44
17489 Greifswald

Universitätsfrauenklinik Rostock
Doberaner Straße 142
18057 Rostock

Klinikum der Hansestadt Stralsund GmbH
Klinik für Gynäkologie und Geburtshilfe
Große Parower Straße 47–53
18435 Stralsund

Fertilty Center Hamburg
Speersort 4
20095 Hamburg

Universitäts-Krankenhaus Eppendorf
Gyn. Endokrinologie und Reproduktionsmedizin
Martinistraße 52
20246 Hamburg

Institut für Humangenetik
Martinistraße 54
20251 Hamburg

Dr. G. Saager *
Lornsenstraße 4–6
22767 Hamburg

Kocak + Partner Fachärzte GbR
Große Bergstraße 247
22767 Hamburg

GMP Dres. Leidenberger, Weise, Bühler
& Partner GbR
Lornsenstraße 4–6
22767 Hamburg

GMP Dres. Bispink *, Horn, Michel
Palmaille 96
22767 Hamburg

GMP Dres. Bohnet, Knuth, Seeler (BKS)
Schomburgstraße 120
22767 Hamburg

Institut für Humangenetik der medizinischen Hochschule
Ratzeburger Allee 160
23562 Lübeck

Klinikum der Christian-Albrechts-Universität zu Kiel, Frauenklinik
Michaelisstraße 16
24105 Kiel

Tagesklinik für operative Gynäkologie
Achternstraße 21 a
26122 Oldenburg

Evangelisches Krankenhaus Oldenburg
Frauenheilkunde
Steinweg 13-17
26122 Oldenburg

Frauenarztpraxis Dr. Jibril
Steinweg 2-4
26122 Oldenburg

Reinhard-Nieter-Krankenhaus, Frauenklinik
Friedrich-Paffrath-Straße 100
26389 Wilhelmshaven

Zentrum für Kinderwunschbehandlung
Emmastraße 220
28213 Bremen

Bremer Zentrum für Fortpflanzungsmedizin
In der Frauenklinik des
Ev. Diakonie-Krankenhauses GmbH
Gröpelinger Heerstraße 406-408
28239 Bremen

Zentrum für Humangenetik und
Genetische Beratung der Universität
Leobener Straße
28359 Bremen

Deutscher Kinderschutzbund
Schiffgraben 29
30159 Hannover

Institut für Genetik, Medizinische Hochschule
Konstanty-Gutschow-Straße 8
30625 Hannover

Medizinische Hochschule Hannover
Frauenklinik im Oststadt-Krankenhaus
Abt. Fertilität und Reproduktion
Podbielskistraße 380
30659 Hannover

GMP Dres. Wilken, Müseler-Albers, Arendt
Ostpassage 9
30853 Langenhagen

GMP Dres. Algermissen, Justus, Wilke
Zingel 29-30
31134 Hildesheim

Dr. E. Nietsch *
Vogelreichsweg 16
31812 Bad Pyrmont

Deutsche Klinik
Hannoversche Straße 24
31842 Bad Münder

Frauen- & Laborärzte Bad Münder Dr. Th. Schalk *
Hannoversche Straße 24
31848 Bad Münder

GMP Dres. Happel, Buurman
Harrelkamp 5
32427 Minden

Bielefelder Institut für Fortpflanzungsmedizin
Frauenheilkunde
An der Rosenhöhe 27
33647 Bielefeld

Klinikum der Philipps-Universität Marburg
Zentrum für Frauenheilkunde und Geburtshilfe
Pilgrimstein 3
35037 Marburg

Institut für Humangenetik und
Genetische Poliklinik der Universität
Bahnhofstraße 7A
35037 Marburg/Lahn

Institut für Humangenetik der Universität
Am Schlangenzahl 14
35392 Gießen

Universitätsfrauenklinik der Justus-Liebig-
Universität Gießen
Klinikstraße 32
35392 Gießen

Institut für Humangenetik der Universität
Goßler Straße 12 d
37073 Göttingen

Georg-August-Universität Göttingen
Gynäkologie und Geburtshilfe
Robert-Koch-Straße 40
37075 Göttingen

GMP Dr. P. Böhm * und Partner
Kasseler Landstraße 25 a
37081 Göttingen

Fach Humangenetik und Zytogenetik,
Technische Universität
Gaußstraße 17
38106 Braunschweig

Frauenarztpraxis Dr. Wetzel
Helsunger Straße 7
38889 Blankenburg

Otto-von-Guericke-Universität Magdeburg
Reproduktionsmedizin und Gyn. Endokrinologie
Gerhart-Hauptmann-Straße 35
39108 Magdeburg

Abt. Humangenetik der Medizinischen Akademie
Leipziger Straße 44
39120 Magdeburg

GMP Dres. Kupka *, Klick
Graf-Adolf-Straße 18
40212 Düsseldorf

GMP Dres. Verhoeven, Scholtes, Marx
Neusser Straße 111
40219 Düsseldorf

Medizinische Einrichtung der Universitätsklinik
Düsseldorf, Universitäts-Frauenklinik
Moorenstraße 5
40225 Düsseldorf

Institut für Humangenetik und Anthropologie der
Universität
Universitätsstraße 1
40225 Düsseldorf

Städtisches Krankenhaus Benrath
Urdenbacher Allee 83
40593 Düsseldorf

GMP Dr. Döhmen, Schwahn
Von-Groote-Straße 175
41066 Mönchengladbach

GMP Dres. Tigges, Dörner, Tuchel
Rheydter Straße 143
41515 Grevenbroich

St. Josef Krankenhaus
Gynäkologie und Geburtshilfe
Robert-Koch-Straße 16
42781 Haan

Institut für Gynäkologische Endokrinologie und
Reproduktionsmedizin
Am Klinikum Remscheid
Burger Straße 211
42859 Remscheid

IVF-Zentrum Dortmund
Prinz-Friedrich-Karl-Straße 11
44135 Dortmund

Abteilung für Klinische Humangenetik
der Universität, Gebäude MA, 01 Süd
Universitätsstraße
44789 Bochum

GMP Dres. Katzorke *, Propping, Willms
Kettwiger Straße 2-10
45127 Essen

Institut für Humangenetik, Universitätsklinikum
Hufelandstraße 55
45147 Essen 1

Evangelisches Krankenkaus Mülheim an der
Ruhr, Klinik für Frauenheilkunde
Wertgasse 30
45468 Mülheim/Ruhr

Arbeitsgemeinschaft Tagesmütter
Bundesverband für Eltern, Pflegeeltern und
Tagesmütter e. V.
Witzfeldstraße 17
45770 Meerbusch

Frauenarztpraxis Dr. Czeromin
Wissenschaftspark, Pav. 8, 1. OG
Munscheidstraße 14
45886 Gelsenkirchen

Frauenarztpraxis Dr. Hilland
Ravardistraße 28 b
46399 Bocholt

Insitut für Reproduktionsmedizin der
Westfälischen Wilhelms-Universität Münster
Domagkstraße 11
48129 Münster

GMP Dres. Belkien, Krause
Neubrückenstraße 35
48143 Münster

GMP Dr. med. Freischem und Kollegen
Salzstraße 2
48143 Münster

Institut für Humangenetik der Universität
Vesaliusweg 12/14
48149 Münster/Westf.

Frauenarztpraxis Dr. Harnacke
Katharinenstraße 14
48712 Gescher

GMP Dres. Von der Burg, Coordes, Proffen
Rheiner Landstraße 93-95
49078 Osnabrück

Frauenarztpraxis Dr. Dadze
Graf-Salm-Straße 8
50181 Bedburg-Erft

GMP Dres. Palm, Sasse, Pütz
Zeppelinstraße 1, Neumarkt Galerie
50676 Köln

Sozialdienst katholischer Frauen SkF e.V. Köln
Escher Straße158
50739 Köln

GMP Dres. Turanli, Ertan
Dürener Straße 199
50931 Köln

Klinik und Poliklinik für Frauenheilkunde
und Geburtshilfe der Universität zu Köln
Gyn. Endokrinologie und Reproduktionsmedizin
Kerpener Straße 34
50931 Köln

Krankenhaus Porz am Rhein, Frauenheilkunde
Urbacher Weg 19
51149 Köln

Frauenklinik für Gynäkologische Endokrinologie
und Reproduktionsmedizin
Pauwelsstraße 30
52074 Aachen

Itertal-Klinik
Eisenhütte 23
52076 Aachen

Institut für Humangenetik der Universität
Wilhelmstraße 31
53111 Bonn

Katholische Bundesarbeitsgemeinschaft für Beratung
Kaiserstraße 163
53113 Bonn

Evangelische Aktionsgemeinschaft für Familienfragen
Meckenheimer Allee 162
53115 Bonn

Rheinische Friedrich-Wilhelms-Universität
Universitäts-Frauenklinik
Sigmund-Freud-Straße 25
53127 Bonn

Genetische Beratungsstelle des
Landes Rheinland-Pfalz
Hafenstraße 6
55118 Mainz

Universitäts-Frauenklinik der Johann-Gutenberg-Universität Mainz
Langenbeckstraße 1
55131 Mainz

Krankenhaus Nordwest
Steinbacher Hohl 2–26
60488 Frankfurt am Main

Klinikum der Johann-Wolfgang-Goethe-Universität
Theodor-Stern-Kai 7
60506 Frankfurt am Main

Pro Familia – Deutsche Gesellschaft
für Familienplanung, Sexualpädagogik
und Sexualberatung e.V.
Stresemannallee 3
60596 Frankfurt

Institut für Humangenetik, Klinikum der Universität
Paul-Ehrlich-Straße 41
60596 Frankfurt/Main

Dr. V. Weiß *
Parkstraße 12
61231 Bad Nauheim

Städtische Kliniken Darmstadt, Frauenklinik
Grafenstraße 9
64283 Darmstadt

GMP Dres. Schorsch, Hahn, Hoditz, Schrapper
Mainzer Straße 98–102
65189 Wiesbaden

GMP Dres. Happel, Thaele, Happel
Kaiserstraße 7
66111 Saarbrücken

Universitäts-Frauenklinik Homburg
66421 Homburg

Institut für Humangenetik der Universität
Universitätskliniken Bau 68
66424 Homburg/Saar

Klinikum Mannheim GmbH, Universitätsfrauenklinik
Theodor-Kutzer-Ufer 1–3
68167 Mannheim

Universitätsklinik Heidelberg, Frauenklinik
Voßstraße 9
69115 Heidelberg

Arbeitsgruppe Fortpflanzungsmedizin
Hauptstraße 44
69117 Heidelberg

Genetische Beratungsstelle am Institut
für Anthropologie und Humangenetik
Im Neuenheimer Feld 328
69120 Heidelberg

Frauenarztpraxis Dr. Maleika
Lessingstraße 9
70174 Stuttgart

Frauenarztpraxis Prof. Dr. Fuchs
IVF-Labor
Kornbergstraße 23
70176 Stuttgart

IVF-Praxis Dr. Mayer-Eichberger
Hölderlinplatz 2 b
70193 Stuttgart-West

Abteilung für Klinische Genetik der Universität
Wilhelmstraße 27
72074 Tübingen

Eberhard-Karls-Universität Tübingen
Frauenklinik IVF-Abteilung
Schleichstraße 4
72076 Tübingen

GMP Dres. Rau, Hassan
Gartenstraße 1/1
73430 Aalen

Staufer-Klinik
Abt. Gynäkologie und Geburtshilfe
Wetzgauer Straße 85
73557 Mutlangen

GMP Dres. Hermann, Costea und Partner
Marktplatz 2 + 5/1
73728 Esslingen

Städtische Kliniken Esslingen
IVF-Abteilung
Hirschlandstraße 97
73730 Esslingen

Centrum für Reproduktionsmedizin in der
Centralklinik, Abt. Gynäkologie und Geburtshilfe
Zerrenner Straße 22–24
75172 Pforzheim

Karlsruher IVF-Programm
Arbeitsgemeinschaft für Fortpflanzungsmedizin
Kaiserstraße 142
76133 Karlsruhe

GMP Dres. Weitzell, Thiemann, Geisthövel
Kaiser-Joseph-Straße 168
79098 Freiburg

Klinikum der Albert-Ludwigs-Universität
Freiburg, Universitäts-Frauenklinik
Hugstetter Straße 55
79106 Freiburg

Institut für Humangenetik und
Anthropologie der Universität
Breisacher Straße 33
79106 Freiburg/Brsg.

GMP Dres. Bollmann, Brückner, Noss
Tal 11
80331 München

Universitäts-Kinderpoliklinik
Genetische Beratungsstelle
Goethestraße 29
80336 München

I. Universitätsfrauenklinik
IVF-Ambulanz
Maistraße 11
80337 München

Dr. Poluda
Valpichlerstraße 45
80686 München

Dr. W. Bleichrodt *
Winterthurer Straße 45
81476 München

GMP Dres. Rjosk, Römmler, Lacher
Westendstraße 193–195
80686 München

Frauenklinik Dr. Krüsmann
Schmiedwegerl 2–6
81241 München

Klinikum Großhadern, Reproduktionsmedizin
in der Frauenklinik im Klinikum Großhadern
Marchioninistraße 15
81377 München

Deutsche Arbeitsgemeinschaft für Jugend- und
Eheberatung e. V.
Neumarkter Straße 84 c
81673 München

Frauenklinik Prien GmbH
Dr.-Siebert-Straße 5
83209 Prien

GMP Dres. Warnecke, Hiller, Bauer, Kraus
Schmiedberg 6
86152 Augsburg

Fertility-Center Ulm
Frauenstraße 51
89073 Ulm

Abteilung für Klinische Genetik der Universität
Frauenstraße 29
89073 Ulm/Donau

Universitätsfrauenklinik und Poliklinik
Zentrum für Reproduktionsmedizin und
Gynäkologische Endokrinologie
Prittwitzstraße 43
89075 Ulm

Frauenarztpraxis Dr. van Uem
Michael-Vogel-Straße 1 e
91052 Erlangen

GMP Dres. Bregulla, Hamori, Behrens
Nürnberger Straße 35
91052 Erlangen

Universitätsfrauenklinik Erlangen
Abt. Endokrinologie
Universitätsstraße 21–23
91054 Erlangen

GMP Dr. Liebl, Prof. Dr. Seifert
Hemauerstraße 1
93047 Regensburg

Kinderwunschzentrum Deggendorf*
Stadtfeldstraße 50
94469 Deggendorf

Kinikum Bayreuth, Frauenklinik
Preuschwitzer Straße 101
95445 Bayreuth

GMP Dres. Mai, Schmitt
Juliuspromenade 7
97070 Würzburg

Universitätsfrauenklinik Würzburg
Josef-Schneider-Straße 4
97080 Würzburg

Dr. G. Kuppe *
Bahnhofstraße 95
97828 Markheidenfeld

Dr. W. Höpker *
Bahnhofstraße 8
99734 Nordhausen

Der **BRZ, Bundesverband Reproduktionsmedizinischer Zentren Deutschlands e.V.,**
informiert Sie über die aktuellen Adressen und Ansprechparter der Ärzte und Kliniken, die sich mit der künstlichen Befruchtung befassen. Hier erhalten Sie auch die Anschrift von spezialisierten Andrologen.

BRZ
Dudweilerstraße 58
66111 Saarbrücken
www.repromed.de
E-Mail: brz@repromed.de
Tel.: 0681/373551

Eine aktuelle Liste der
Selbsthilfegruppen für ungewollt Kinderlose
sowie der psychosozialen und psychologischen
Beratungsstellen erhalten Sie bei
Wunschkind e.V.
Fehrbelliner Straße 92
10119 Berlin
Tel.: 0180/5 00 21 66
Fax: 030/69 04 08 38

KWID Kinderwunsch-Informationsdienst
Dr. Hamm-Harzer
Bolongarostraße 82
65929 Frankfurt/Main
Tel.: 069/31 40 53 44

Informationsmaterial zum Thema Kinderwunsch,
Selbsthilfegruppen und psychologische Beratung
Petra Thorn
Langener Straße 37
64546 Mörfelden

Deutsche Gesellschaft für Ayurveda
Wildbadstraße 201
56841 Traben-Trabach
Tel.: 06541/5817
Fax: 06541/705120

Versandhandel und Informationen über
Zykluscomputer, Zyklusthermometer , LH-Tests,
Schwangerschaftstests u. a. m.
Ovula
Niederbreidenbach
51588 Nümbrecht
www.ovula.de

Umweltgifte
Anlaufstellen, an die Sie sich wenden können, wenn Sie den Verdacht haben, dass die ungewollte Kinderlosigkeit aufgrund von Umweltgiften besteht.

Sterilitätssprechstunde der Universitätsfrauenklinik
Heidelberg
Voßstraße 9
69115 Heidelberg

Elisabeth-Krankenhaus Straubing
Schulgasse 20
94315 Straubing
Tel.: 09421/7101651

Institut für Umweltkrankheiten
Dr. Klaus Dieter Runow
Im Kurpark 1
34308 Bad Emstal
Tel.: 05622/80 61

Umweltärzte in Ihrer Nähe nennt:
IGUMED
Interdisziplinäre Gesellschaft für Umweltmedizin
Bergseestraße 57
79713 Bad Säckingen
Tel.: 07761/913490
Fax: 07761/913491

Juristische Dissertation zur
Samenspenden-Problematik:
Thomas Schlegel
Dahlmannstraße 22
60385 Frankfurt
Tel.: 069/43059-600
Fax: 069/43059-565
www. medizinrecht.de

Glossar

Amenorrhoe: Das Nichteintreten oder Ausbleiben der Regelblutung bei der geschlechtsreifen Frau. Ursache meist mangelhafte Hormonproduktion oder mangelhafter Aufbau der Schleimhaut.

Azoospermie: Das (im Spermatogramm nachweisbare) Fehlen beweglicher, reifer Spermien im Ejakulat.

Bauchspiegelung: Laparoskopie, Endoskopie des Bauchraums und seiner Organe unter Vollnarkose, zum Beispiel um die Durchlässigkeit der Eileiter zu untersuchen.

Blastozyste: Keimbläschen; fortgeschrittenes Teilungsstadium eines frühembryonalen Keims etwa vier Tage nach der Befruchtung bzw. kurz vor der Einnistung in die Gebärmutter.

Chlomifen: synthetisches Östrogen, das zu einer Follikelreifung führen soll. Anwendung bei Ausbleiben des Eisprungs.

Chromosomen: Träger der Erbanlagen. Die Anzahl der Chromosomen ist artspezifisch. Der Mensch besitzt 23 Chromosomenpaare.

Chorion-Gonadotropin: hCG, siehe humanes Chorion-Gonadotropin.

Corpus luteum: siehe Gelbkörper.

Eisprung: Ovulation, durch Zusammenwirken von Pheromonen ausgelöste Ausstoßung der reifen Eizelle aus dem Follikel. Zeitpunkt der maximalen Empfängnisfähigkeit.

Eizellspende: Spezialfall bei einer In-vitro-Fertilisation, wenn der nichtgenetischen Mutter eine befruchtete Eizelle von einer Spenderin eingesetzt wird.

Ejakulat: Samenflüssigkeit, die beim Samenerguss, der Ejakulation, ausgestoßen wird.

Embryo: das ungeborene Kind in der medizinischen Fachsprache von Beginn des Verschmelzens von Eizelle und Samenzelle bis zum dritten Schwangerschaftsmonat.

Embyonenschutzgesetz: ESchG, Gesetz zum Schutz von Embryonen, schränkt die Anwendung fortpflanzungsmedizinischer Verfahren beim Menschen in bestimmten Punkten ein.

Endometriose: gutartige Wucherung der Gebärmutterschleimhaut.

epididymale Spermienaspiration: Gewinnung von Spermien aus dem Nebenhoden.

Falloposkopie: siehe Eileiterspiegelung.

Follikel: Folliculus; bläschenartiges Gebilde, in dem sich die Eizelle während des Wachstums und der Reifung befindet. Wenn das Ei am Ende der Follikelreifungsphase (etwa in der Mitte des Zyklus) reif ist, platzt der Follikel (Follikelsprung, Ovulation, Eisprung) auf.

Fötus: auch Fetus; das wachsende Baby in der medizinischen Fachsprache ab dem vierten Schwangerschaftsmonat.

Glossar

FSH: follikelstimulierendes Hormon, unter dessen Einfluss in Eierstöcken etwa alle vier Wochen eine Eizelle heranreift.

Gamet: Gametozyt; Bezeichnung für männliche und weibliche reife, zur geschlechtlichen Befruchtung befähigte Keimzellen: die Eizelle (Makrogamet) bzw. das Spermium (Mikrogamet).

Gametentransfer, intratubarer: GIFT, siehe intratubarer Gametentransfer.

Gelbkörper: Corpus luteum; entsteht im Eierstock aus dem gesprungenen Follikel und bildet die schwangerschaftserhaltenden Hormone Progesteron und Östrogen. Bei Nichtbefruchtung des Eis stellt das Corpus luteum seine hormonelle Tätigkeit ein und bildet sich zurück.

Gen: Erbfaktor, Erbanlage; Informationseinheit für die Ausprägung eines Merkmals; an der Ausprägung eines Merkmals können mehrere Gene beteiligt sein. Gene sind auf Chromosomen angeordnet.

Geschlechtschromosom: siehe Gonosom.

Gestagene: Hormone mit zum Teil ähnlichen Wirkungen wie das Gelbkörperhormon Progesteron.

GIFT: intratubarer Gametentransfer, siehe dort.

GnRH: Gonadotropin-Releasing-Hormon; im Hypothalamus des Gehirns produziertes Steuerungshormon, das bei der Frau die Ausschüttung von FSH und LH bewirkt.

Gonadotropin: Hormon, welches das Wachstum der männlichen und weiblichen Keimdrüsen fördert sowie hormonelle Funktionen (von FSH und LH) anregt und steuert.

Gonosom: Allosom, Heterosom. Das Geschlechtschromosom; beim Menschen bestimmen das X- und Y-Chromosom die Geschlechtsentwicklung.

Gynäkologie: Frauenheilkunde; befasst sich mit der Erkennung, Verhütung und Behandlung der Krankheiten der weiblichen Geschlechtsorgane.

hCG: siehe humanes Chorion-Gonadotropin

heterologe Insemination: Einbringen von Spendersamen in den weiblichen Genitaltrakt bei Unfruchtbarkeit des Mannes.

Hormone: körpereigene Wirkstoffe, die vom Organismus selbst produziert werden, über die Blut- oder Lymphwege das jeweilige Zielorgan erreichen und dort Stoffwechselprozesse in charakteristischer Weise beeinflussen.

humanes Chorion-Gonadotropin: hCG, Hormon, das nach der Befruchtung zur Erhaltung und zum Ausbau der Schwangerschaft in der Plazenta produziert wird; nachweisbar ab der zweiten Schwangerschaftswoche.

Humangenetik: Fachgebiet der Medizin und Genetik, das sich mit der Vererbung genetischer Merkmale beim Menschen befasst.

Glossar

Hyperprolaktinämie: Erhöhung des Prolaktins im Blut; hormonelle Störung, die einen Eisprung unmöglich macht und Unfruchtbarkeit zur Folge haben kann.

Hyperthyreose: erhöhte Anteile von Schilddrüsenhormonen im Blut als Zeichen für eine Schilddrüsenüberfunktion.

Hypothyreose: verminderte Anteile von Schilddrüsenhormonen im Blut als Zeichen für eine Schilddrüsenunterfunktion.

Hysterographie: röntgenologische Untersuchung der Gebärmutterhöhle und der Eileiter mit Hilfe eines durch den Gebärmutterhals eingespritzten Röntgenkontrastmittels.

ICSI: intrazytoplasmatische Spermieninjektion, siehe dort.

idiopathische Sterilität: ungeklärte Sterilität ohne Nachweis körperlicher oder seelischer Ursachen. Siehe auch Sterilität.

immunologische Sterilität: durch körpereigene Abwehrreaktion hervorgerufene Sterilität. Siehe auch Sterilität.

Imprägnation: Eindringen des Samenfadens in die Eizelle.

Infertilität: Unfähigkeit, eine Schwangerschaft solange auszutragen, bis der Fötus allein lebensfähig ist, obwohl eine Befruchtung möglich ist.

Insemination: Einbringen von Samenzellen in die Scheide, die Gebärmutterhöhle oder den Eileiter. Zum Zeitpunkt des Eisprungs werden Spermien mit Hilfe einer Spritze oder eines Katheters direkt in die Gebärmutterhöhle oder die Eileiter übertragen. Die Insemination wird bevorzugt bei mittelgradiger Einschränkung der männlichen Zeugungsfähigkeit eingesetzt.

intratubarer Gametentransfer: GIFT = Gamete Intrafallopian Transfer; Einspülen von Ei- und Samenzellen in den Eileiter. Dabei sind Ei- und Samenzellen voneinander getrennt. Die eigentliche Befruchtung findet dann selbständig im Eileiter statt.

intratubarer Zygotentransfer: ZIFT = Zygote Intrafallopian Transfer; Einspülen einer befruchteten, aber noch nicht im Teilungsstadium befindlichen Eizelle in einen Eileiter. Die Befruchtung hat außerhalb des Körpers stattgefunden. Weitere Teilung und Einnistung des Eis in die Gebärmutter laufen dann als natürliche Vorgänge ab.

intrazytoplasmatische Spermieninjektion: ICSI; Mikro-Insemination; Methode der medizinisch unterstützten Befruchtung (der assistierten Reproduktion), bei der ein einzelnes Spermium direkt in die reife Eizelle eingespritzt wird.

In-vitro-Fertilisation: IVF, auch ECB = extrakorporale Befruchtung, „Reagenzglasbefruchtung"; Befruchtung außerhalb des Körpers.

Nach vorheriger Stimulation werden den Eierstöcken Follikel mit Eizellen entnommen, die außerhalb des Körpers mit den Spermien zusammengeführt werden. Die befruchteten Eizellen werden dann in die Gebärmutterhöhle (Embryotransfer) oder in den/die intakten Eileiter übertragen.

IVF: In-vitro-Fertilisation, siehe dort.

Kolposkopie: die mit einer Speziallupe (10- bis 20fache Vergrößerung) ausgeführte Untersuchung der vaginalen Schleimhaut (auch am äußeren Muttermund).

Kontrazeptiva: Verhütungsmittel.

Kryokonservierung: tiefgekühlte Aufbewahrung (in flüssigem Stickstoff) von Eizellen und/oder Samen.

Kryptozoospermie: extreme Verringerung der Spermiendichte im Ejakulat (unter einer Million Spermien).

Laparoskopie: siehe Bauchspiegelung.

Leihmutterschaft: Austragen einer Schwangerschaft durch eine Frau, von der die befruchtete Eizelle nicht stammt.

Leitfollikel: Follikel (siehe dort) in den Eierstöcken, dessen Reife am weitesten fortgeschritten ist. Der Leitfollikel ist im Ultraschall kurz vor dem Eisprung als größter Follikel erkennbar.

LH: luteinisierendes Hormon.

Luteinisation: Umwandlung des Eibläschens (Follikel) nach dem Eisprung zum sogenannten Gelbkörper, der unter anderem das schwangerschaftserhaltende Hormon Progesteron bildet.

luteinisierendes Hormon: LH; führt zur Follikelreifung und Auslösung des Eisprungs (Ovulation). Die Konzentrationswerte des Hormons im Blut sind 16–36 Stunden vor dem Eisprung deutlich erhöht.

Meiose: Reifeteilung, bei der in zwei aufeinander folgenden Teilungsschritten eine Keimzelle mit einem einfachen Chromosomensatz (23 statt 46 wie in Körperzellen) entsteht.

Menarche: erste Regelblutung.

Menstruation: Monatsblutung, Periode, Menorrhoe, Regel, Menses; die zyklische, regelmäßig in monatlichen Abständen (meist alle 28 Tage, Dauer drei bis sieben Tage), erfolgende Abblutung der Gebärmutterschleimhaut bei der geschlechtsreifen, nicht schwangeren Frau.

Mikro-Insemination: siehe intrazytoplasmatische Spermieninjektion.

Mukus: siehe Zervixschleim.

Mutterschaftsrichtlinien: durch den Bundesausschuss der Ärzte und Krankenkassen gesetzlich festgelegte Regeln über den Umfang der ärztlichen Betreuung während der Schwangerschaft und nach der Geburt. Die zeitlichen Vorgaben und Inhalte der Untersuchungen bzw. Beratungen sind im Mutterpass festgehalten.

Oligozoospermie: verringerte Spermiendichte im Ejakulat.

Oozyte: die weibliche Keimzelle, Ei.

Organogenese: Embryogenese; Entwicklung des Keimes von der Befruchtung des Eis über die ersten Zellteilungen bis zur Herausbildung der Organanlagen. Beim Menschen etwa Ende der achten Woche nach der Befruchtung abgeschlossen.

Östrogene: weibliche Geschlechtshormone (latein.: östrus = Brunst), die vor allem in den Follikeln produziert werden, bereiten die Gebärmutterschleimhaut auf die Einnistung des Eis vor und bewirken eine Verflüssigung des Zervixschleimpfopfs um den Eisprung herum. Siehe auch Follikel.

Ovar, polyzystisches: siehe polyzystisches Ovar

Ovulation: siehe Eisprung.

Papanicolau-Abstrich: auch Pap-Test; Scheidenabstrich zur Untersuchung der Zellen am Gebärmutterhals (nach G. H. Papanicolau).

PCO-Syndrom: Störung der Eizellenreifung (siehe polyzystisches Ovar). In den Eierstöcken werden meist vermehrt männliche Hormone gebildet. Diese Störung hat oft Unfruchtbarkeit zur Folge.

polyzystisches Ovar: PCO; Eierstock mit vielen kleinen Zysten, entsteht meist in Folge eines erhöhten Spiegels an männlichen Hormonen; hat meist Unfruchtbarkeit zur Folge.

Postkoitaltest: Spermientest; etwa zwölf Stunden nach dem Geschlechtsverkehr entnimmt der Arzt vom Muttermund ein wenig Schleim und untersucht unter dem Mikroskop, ob sich darin bewegliche Spermien finden lassen.

Präimplantationsdiagnostik: PID; Embryonen werden im Zusammenhang mit einer In-vitro-Fertilisation vor dem Einsetzen in die Gebärmutter (Implantation) auf genetische Veranlagung für schwere Erbkrankheiten untersucht.

Progesteron: Gelbkörperhormon; vom Gelbkörper gebildet; bereitet die Schleimhaut der Gebärmutter auf die Einnistung der befruchteten Eizelle vor. Durch das Progesteron steigt die Basaltemperatur ein bis zwei Tage nach dem Eisprung um ca. 0,5 °C an und bleibt in der zweiten Zyklushälfte erhöht.

Prolaktin: Hormon, das für die Milchbildung nach der Geburt verantwortlich ist.

Proliferationsphase: Follikelreifungsphase.

Prostaglandine: Substanzen in der Samenflüssigkeit, die in der (falschen) Annahme, sie würden in der Prostata gebildet, nach dieser benannt sind. Therapeutische Anwendung finden sie als Wehenmittel bzw. zur Aborteinleitung.

Reproduktionsmedizin: Teilgebiet der Medizin, das sich mit Techniken zur assistierten Reproduktion beschäftigt, zum Beispiel In-vitro-fertilisation (IVF), intratubarer Gametentransfer (GIFT), intratubarer Zygotentransfer (ZIFT), intrazytoplasmatische Spermieninjektion (ICSI).

Rhesus-Faktor: Merkmal der Blutkörperchen; 85 Prozent der weißen Bevölkerung sind Rh-positiv, bei 15 Prozent fehlt das Merkmal, sie sind Rh-negativ. Bekommt eine Rh-negative Mutter ein Rh-positives Baby, kann es vom mütterlichen Körper zu bedrohlichen Abwehrreaktionen gegen das kindliche Gewebe kommen. Im Blut der Rh-negativen Mutter befinden sich Antikörper gegen Rh-positives Gewebe (Inkompatibilität), wenn sie etwa bei einer Bluttransfusion oder durch eine frühere Schwangerschaft in Kontakt mit Rh-negativem Blut gekommen ist. Deshalb wird das Blut von Rh-negativen Schwangeren wiederholt auf Antikörper untersucht.

serologische Untersuchungen: Untersuchungen des Blutes, die zur Schwangerschaftvorsorge gehören, zum Beispiel Feststellen der Blutgruppe und des Rhesus-Faktors.

Spätgebärende: Ab dem 34. Lebensjahr werden Schwangere medizinisch als spätgebärend bezeichnet. Das Risiko, ein Kind mit einer Chromosomenschädigung zu bekommen, steigt ab diesem Alter signifikant. Daher werden den Spätgebärenden verschiedene pränatale (vorgeburtliche) Untersuchungen vorgeschlagen.

Sperma: enthält Spermien, männliche Samenzellen; milchig-trübe, gallertige, schwach alkalische Samenflüssigkeit des Mannes, bestehend aus Spermien (200-300 Mio.) und Spermaplasma im Verhältnis 1:9.

Spermienaspiration, epididymale: siehe epididymale Spermienaspiration.

Spermiendichte: Anzahl der lebenden Spermien im Ejakulat. Zum Sterilitätstest des Mannes gehört die Auszählung der Spermiendichte.

Spermienextraktion, testikuläre: siehe testikuläre Spermienextraktion.

Spermieninjektion, intracytoplasmatische: ICSI, siehe dort.

Spermiogenese: Spermatogenese; Ausreifung der männlichen Samen, die ab der Pubertät stattfindet.

Spermiogramm: Bestimmung der Qualität des durch Masturbation gewonnenen Spermas. Anzahl: Beweglichkeit und Form der Spermien werden analysiert, um Rückschlüsse auf die Fruchtbarkeit des Mannes zu ziehen.

Spermizid: Spermien abtötendes Mittel.

Glossar

Sterilität: Unfruchtbarkeit. Zeitweilige (zum Beispiel durch Verhütungsmittel) oder dauerhafte Unfähigkeit zur Fortpflanzung infolge von Funktionstörungen der Ei- bzw. Samenzellen. Idiopathische Sterilität: ungeklärte Sterilität, ohne Nachweis körperlicher oder seelischer Ursachen. Immunologische Sterilität: durch körpereigene Abwehrreaktion hervorgerufene Sterilität.

Stimulation: Förderung des Heranreifens von Follikeln, zum Beispiel durch Hormongaben.

Teratologie: medizinische Lehre von den Fehlbildungen.

testikuläre Spermienextraktion: TESE; Gewinnung von Spermien aus dem Hoden.

Testosteron: männliches Sexualhormon; wichtigster Vertreter der Androgene. Die Testosteronbildung erfolgt im Hodengewebe und fördert die Spermienreifung, das Wachstum der Prostata und die Ausbildung der sekundären Geschlechtsmerkmale.

Zervixschleim: Mukus; vom Endometrium des Gebärmutterhalses unter Einfluss der Eierstockhormone gebildete schleimige Absonderung. Wird kurz vor dem Eisprung in maximaler Menge produziert und ist dann glasklar, fadenziehend („spinnbar") und für Spermien am besten durchlässig.

ZIFT: intratubarer Zygotentransfer, siehe dort.

Zygote: aus der Vereinigung einer Samenzelle und der Eizelle hervorgehende befruchtete Zelle.

Zyklusmonitoring: Überwachung der Follikel- und Eizellreifung mittels Ultraschall und Hormonbestimmungen.

Register

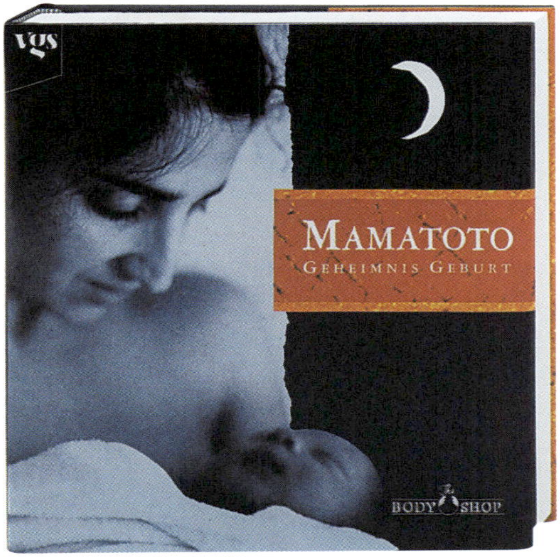

"Mamatoto ist ein lebensnaher Bildband für alle angehenden Eltern und ein Plädoyer für die gefühlsbetonte, natürliche und bewußte Geburt der Menschen." (Nordbayerischer Kurier, Bayreuth)

The Body Shop Team, Carroll Dunham et al.

MAMA TOTO

Geheimnis Geburt

Die Zeit von der Empfängnis über die Schwangerschaft bis hin zu Geburt, Wochenbett und den ersten Wochen mit dem Neugeborenen ist etwas Besonderes im Leben jeder Frau. Warum sollen Frauen ihren Körper gerade in dieser sensiblen Zeit widerspruchslos technischen Geräten in einer kalten Klinik-Umgebung ausliefern, wo doch die Mütter aller Kulturen dieser Welt uns ihren reichen Erfahrungsschatz hinterlassen haben?

MAMATOTO (Suaheli: Mutter und Kind) gibt die natürlichen Bräuche und Riten von mehr als 50 Kulturen wieder. Ob in der Pflege der schwangeren Frau, der ersten Kontaktaufnahme mit dem Ungeborenen oder der Einbindung des Vaters in Schwangerschaft und Geburt – es gibt unzählige Möglichkeiten, ein Kind angemessen zu empfangen.

vgs verlagsgesellschaft Köln

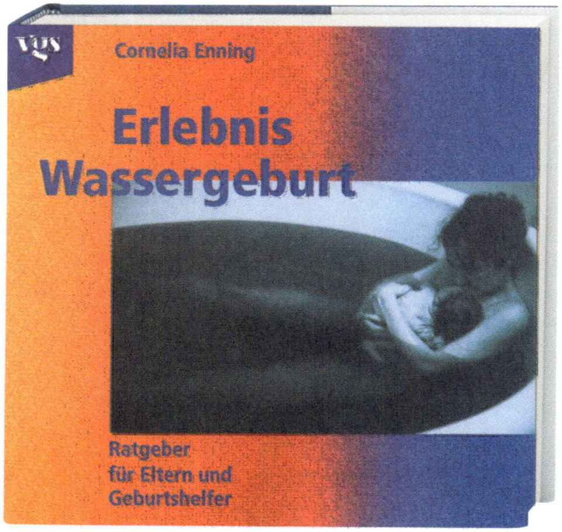

Cornelia Enning

Erlebnis Wassergeburt

Ein Kind wird geboren – wohl das schönste und zugleich herausfordernste Ereignis für jedes Paar. Immer mehr Mütter und Väter entscheiden sich darum für eine besonders entspannende und flexible Form der Geburt: die Wassergeburt.

Doch bislang gibt es bei uns nur wenige Hebammen und Ärzte, die mit dieser Methode vertraut sind. Schritt für Schritt stellt Cornelia Enning, erfahrene Hebamme und Wassergeburtshelferin, diese Geburtsform vor. Anschaulich und konkret beschreibt sie, welche Maßnahmen notwendig sind und welchen Einfluss die werdende Mutter in den einzelnen Geburtsphasen nehmen kann. Sie geht auf Risikofaktoren und mögliche Gegenanzeigen bei Mutter oder Kind ein und gibt außerdem wertvolle Hinweise für die Vorbereitung einer Wassergeburt und für das anschließende Wassertraining.

Mit praktischen Tipps zur Ausstattung des Geburtsraumes sowie Adressen von freien Hebammen, Geburtshäusern und Kliniken, die die Möglichkeiten zur Wassergeburt anbieten.